D1704041

Arnold Hanslmeier

Von den Planeten zum Rande des Universums

Autor und Herausgeber: Univ. Prof. Dr. Arnold Hanslmeier

Gesamtherstellung: Vehling Medienservice und Verlag GmbH
A-8020 Graz, Reininghausstraße 29

ISBN: 978-3-85333-285-6

Inhalt

Vorwort

Dieses Buch richtet sich an alle naturwissenschaftlich Interessierte. Es verlangt keine großen mathematischen Kenntnisse und stellt dennoch die modernsten Forschungserkenntnisse über die Planeten in unserem Sonnensystem dar aber auch über Planeten außerhalb des Sonnensystems.

Dieses Buch handelt von den faszinierenden Welten im Sonnensystem, der heißen Venus, Ozeanen unter Oberflächen von Jupitermonden, Eispolen am Mars, Ringe des Saturn und viele weitere Wunder.

Das Sonnensystem mit seinen acht großen Planeten ist insoferne einzigartig, als die Erde, der fünftgrößte Planet, unsere Heimat im Kosmos ist. Durch Vergleich mit anderen Planeten können wir mehr über die Erde erfahren, über ihre Entstehung aber auch über die mögliche zukünftige Entwicklung. Venus ist der Planet mit extremem Treibhauseffekt und wir können daran sehen, was passiert, wenn wir unsere Atmosphäre weiterhin mit Treibhausgasen anreichern. Mars ist ein Planet wo sich große Klimaänderungen ereignet haben, was ist deren Ursache? Die spannendste aller Fragen ist natürlich die, ob es Leben im Sonnensystem, abgesehen von der Erde gibt. Früher dachte man, dass Venus und Mars Kandidaten für Leben sein können, heute hat sich dieses Bild stark geändert, Venus scheidet aus, Mars ist nach wie vor unsicher, dafür sind aber einige Monde der großen Planeten dazugekommen.

Die Frage, ob wir alleine im Sonnensystem sind, ist also keineswegs endgültig beantwortbar, allerdings, falls es woanders im Sonnensystem zur Entwicklung von Leben gekommen sein sollte, dann wahrscheinlich nur primitive einzellige Lebensformen.

Aber neben den Planeten im Sonnensystem hat man auch mehrere 1000 Exoplaneten gefunden, also Planeten die um andere Sterne als die Sonne kreisen. Wir besprechen kurz, wie man diese Planeten findet. Zum Abschluss diskutieren wir auch die generelle Suche nach Leben im Universum. Sind wir alleine? Was ist der Platz unseres Sonnensystems in der Milchstraße, wieviele Sterne und Galaxien gibt es eigentlich.

Ich wünsche den Leserinnen und Lesern spannende Stunden bei der Erkundung der Planeten mit diesem Buch.

Ich danke dem Vehling Verlag für die konstruktive Mithilfe sowie meiner Lebensgefährtin Anita für nette gemeinsame Sternabende.

Graz, September 2016

Unser Sonnensystem von außen

Begegnung mit der Sonne

Wir stellen uns eine Reise vor. Ein Raumschiff soll sich einem Stern nähern, der unsere Sonne ist. Ja, sie haben richtig gelesen, unsere Sonne ist ein Stern unter vielen Milliarden, die alle zu einem riesigen System gehören, der Milchstraße. Unsere Milchstraße ist eine Galaxie unter vielen anderen.

In der Astronomie hat man es mit riesigen Dimensionen zu tun, deshalb ist man auf andere Maßeinheiten angewiesen, da sonst Zahlen entstehen, die total unübersichtlich werden. Sehr oft verwendet man das Lichtjahr, um die Entfernung von Sternen anzugeben. Die Bezeichnung ist eigentlich irreführend. Ein Lichtjahr ist keine Zeiteinheit sondern eine Längeneinheit. Wie man weiß, breiten sich elektromagnetische Wellen, dazu gehört auch Licht, mit einer endlichen Geschwindigkeit aus, der Lichtgeschwindigkeit. In einer Sekunde legt das Licht eine Strecke von 300.000 km zurück, das ist fast die Entfernung Erde -Mond oder achtmal um die gesamte Erde. Ein Lichtjahr ist nun die Strecke, die das Licht in einem Jahr zurücklegt.

Wie viele Kilometer entsprechen einem Lichtjahr? Man kann leicht folgende Rechnung ausführen:

Wir brauchen nur die Sekunden eines Jahres mit der Strecke multiplizieren, die das Licht in einer Sekunde zurücklegt, also 300.000 km. Eine Stunde hat 3600 Sekunden, ein Tag mit 24 Stunden hat also 24 x 3600 = 86.400 Sekunden und ein Jahr hat also 365 x 86.400 = etwa 30 Millionen Sekunden. Multiplizieren wir also 30.000.000 mit 300.000 ergibt das etwa 10.000.000.000.000 km.

In der Astronomie verwenden wir als Entfernungseinheit das Lichtjahr L_j, als die Strecke, die Licht in einem Jahr zurücklegt.

1 L_j = 10 Billionen km.

Unsere Milchstraße von oben gesehen, eine riesige Spiralgalaxie. Unsere Sonne befindet sich in einem der Spiralarme und ist etwa 30.000 Lichtjahre vom Zentrum entfernt.

Galaxien sind quasi die Bausteine des Universums. Unsere Milchstraße hat eine Ausdehnung von etwa 100.000 Lichtjahren und wir sind etwa 30.000 Lichtjahre vom Zentrum entfernt.

Die Andromedagalaxie, unsere Nachbargalaxie.

Unsere Nachbargalaxie ist die Andromedagalaxie. Sie ist etwa 2,5 Millionen Lichtjahre von uns entfernt. Blicken wir also heute im Teleskop auf diese Galaxie, sehen wir Licht, das vor 2,5 Millionen Jahren zu uns gesendet wurde. Ein Blick in die Tiefen des Universums ist also immer auch ein Blick in die Vergangenheit.

Zurück zu unserer Frage, ob die Sonne, aus einigen Lichtjahren Entfernung betrachtet, ein auffälliger Stern wäre. Man hat in der Astronomie den Begriff absolute Helligkeit eines Sternes eingeführt, darunter versteht man jene Helligkeit, die ein Stern in 32,6 Lj Entfernung hätte. Aus dieser Entfernung betrachtet wäre unsere Sonne ein relativ unscheinbares Sternchen am Himmel. Unsere Sonne gehört also zu den schwächeren kleineren Sternen in unserer Milchstraße.

Die Oort'sche Wolke

Doch wir setzen unsere imaginäre Reise im Raumschiff fort und nähern uns dem Sonnensystem. Wir sind etwa 1 Lichtjahr von der Sonne entfernt, die nun wegen der geringen Entfernung schon hell leuchtet. Wir müssen einen Gürtel von Kleinkörpern durchdringen. Deren Größe geht bis zu einigen 10 km; es handelt sich um Gesteins- und Eisbrocken. Dieser Gürtel von kleinen Objekten, der das ganze Sonnensystem umhüllt heißt auch Oort'sche Wolke. Es gibt wahrscheinlich einige 100 Milliarden solcher kleinen Trümmer, die aus der Zeit der Bildung des Sonnensystems stammen. Dennoch ist, die Gefahr, dass unser Raumschiff mit einem dieser Trümmer zusammenstößt sehr gering, weil ja auch die Raumdimensionen riesig sind, in denen diese Trümmer vorkommen. Trotzdem kann es immer wieder passieren, dass durch Störungen zwischen diesen Teilchen eines oder sogar mehrere von ihnen in das Innere des Sonnensystems gelangen. Die Menschen auf dem Planeten Erde sehen dann einen Kometen am Himmel leuchten.

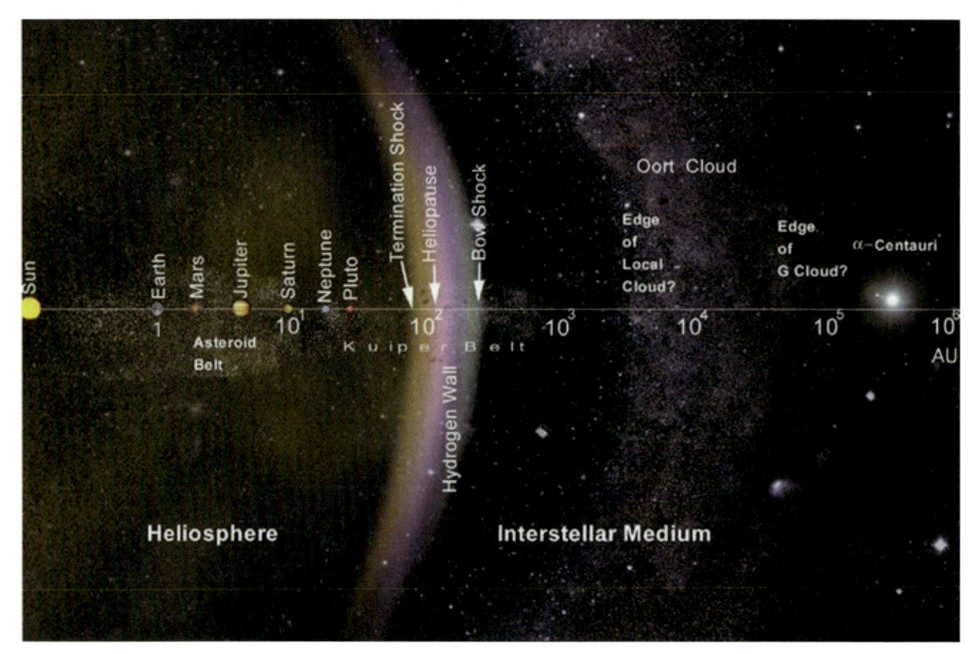

Die Oort'sche Wolke, Oort Cloud umgibt das Sonnensystem in einem Abstand von etwa 10.000 AE. Der nächste Stern, Alpha Centauri ist mehr als 100.000 AE von uns entfernt. Man beachte, dass die Skala logarithmisch ist, sonst wäre der Bereich der Planeten winzig.

Entfernungen im Sonnensystem gibt man zweckmäßigerweise in einer anderen Einheit an als Entfernungen zwischen Sternen: Man verwendet die Astronomische Einheit, AE (im Englischen auch als AU, astronomical unit bezeichnet).

1 AE ist die mittlere Entfernung Erde -Sonne. Diese Entfernung beträgt 150.000.000 km. Das Licht benötigt etwa 8 Minuten um die Distanz 1 AE zurückzulegen.

Nehmen wir an, wir hätten ein Raumschiff mit Besatzung in Sonnennähe positioniert und wollten Kontakt mit der Besatzung aufnehmen. Dann dauerte es ca. 8 Minuten bis unser Funksignal von der Erde dort ankommt und falls die Besatzung sofort antwortet, müssen wir weitere 8 Minuten warten bis das Signal die Reise vom Raumschiff zur Erde absolviert hat. Eine ziemlich mühsame Kommunikation also.

Doch zurück zu unserer Besatzung, die von weit außerhalb in unser Sonnensystem eindringt. Sie hatten Glück und es gab keine Kollision mit einem Objekt der Oort'schen Wolke. Doch bevor sie den am weitesten von der Sonne entfernt stehenden Planeten Neptun erreichen, passiert nochmals dasselbe. Sie müssen den Kuipergürtel durchqueren, auch ein Gürtel aus unzähligen kleineren und größeren Eis- und Felsbrocken.

Man findet sogar einige Zwergplaneten in diesem Bereich, so beispielsweise den Zwergplaneten Pluto, der zunächst zu den großen Planeten gezählt wurde. Aber die Besatzung hat auch hier wieder Glück und erreicht schließlich die Umlaufbahn des Planeten Neptun, der äußerste große Planet im Sonnensystem. Neptun ist etwa 30 AE von der Sonne entfernt.

Schätzen wir ab, wie lange ein Funksignal zu Neptun benötigen würde: von der Erde zur Sonne braucht es 8 Minuten, die Entfernung Erde-Sonne beträgt 1 AE. Ein Funksignal von der Sonne zu Neptun würde also etwa 30 x 8 Minuten = 240 Minuten lange unterwegs sein, das sind immerhin vier Stunden!

Unsere acht Planeten

Nun entdecken unsere imaginären Raumfahrer weitere Planeten, es gibt 8 große Planeten im Sonnensystem.

In der Reihenfolge ihres Abstandes von der Sonne sind das
Merkur, Venus, Erde, Mars, Jupiter, Saturn, Uranus und Neptun.

Man kann sich diese Reihenfolge leicht merken:

Merkur .... mein

Venus ..... Vater

Erde .... erklärt

Mars .... mir

Jupiter ..... jeden

Saturn...... Sonntag

Uranus .... unseren

Neptun.... Nachthimmel

Unsere acht Planeten und der Zwergplanet Pluto, von der Sonne aus gesehen. Die Abstände sind nicht maßstäblich, die Größen jedoch schon!

Unsere Raumfahrer führen nun Messungen durch. Sie vermessen zunächst einmal die Größen der Planeten und der Sonnen. Dabei zeigt sich schon: Die Sonne ist das größte Objekt im Sonnensystem; sie ist etwa 100 Mal so groß wie die Erde. Selbst Jupiter, der größte Planet im Sonnensystem hat nur etwa 1/10 des Sonnendurchmessers. Noch deutlicher fällt der Unterschied zwischen Sonne und Planeten aus, wenn man deren Massen vergleicht. Fasst man die Massen aller Planeten und kleineren Körper im Sonnensystem zusammen so zeigt sich:

99,8 % der Gesamtmasse des Sonnensystems ist in der Sonne, alle anderen Objekte (Planeten, Kleinplaneten, Zwergplaneten, Kometen) zusammen machen nur 0,2 % der Gesamtmasse aus!

Die Sonne ist also wirklich der dominierende Körper im Sonnensystem. Die Planeten kreisen um die Sonne, je näher sie bei der Sonne stehen, desto kürzer dauert der Umlauf.

Unsere imaginären Raumfahrer erkennen, dass es zwei Arten von Planeten im Sonnensystem gibt:

- die weit von der Sonne entfernten kalten Riesenplaneten und
- die näher bei der Sonne stehenden erdähnlichen Planeten.

Zwischen den Umlaufbahnen von Jupiter und Mars finden sie jedoch nochmals einen Gürtel vieler kleinerer Objekte, den Hauptgürtel der Asteroiden.

Unser Sonnensystem von außen gesehen:

Die Sonne ist ein relativ schwach leuchtender Stern.

Die Sonne ist ein Stern und dominiert das Sonnensystem mit seinen 8 großen Planeten und vielen weiteren kleineren Objekte (Zwergplaneten, Kleinplaneten, Kometen...).

Gibt es andere Planetensysteme?

Wir haben gesehen, dass unser Sonnensystem ein System von acht großen Planeten und vielen weiteren kleineren Körpern ist, welche alle um den Zentralstern, die Sonne, kreisen. Unsere Sonne ist einer von vielen anderen Sternen in der Milchstraße, der Galaxis. Natürlich drängt sich da die Frage auf, ob es auch um andere Sterne Planeten gibt. Dann kann man noch einen Schritt weitergehen und fragen, ob es denn auf einem dieser Planeten um andere Sterne Leben geben könnte.

Wir wissen heute, dass Sterne aus großen Gaswolken entstehen. Ein Beispiel für eine solche Sternentstehungsregion ist der berühmte Orionnebel.

Der Orionnebel, ein Beispiel für eine Sternentstehungsregion in 1400 Lichtjahren Entfernung.

Mit diesen Fragen befasst sich eine Teilwissenschaft der modernen Astrophysik, die Astrobiologie. Zunächst zur Frage, ob es andere, sogenannte Exoplaneten gibt. Das Hauptproblem ist, diese Objekte zu finden. Planeten sind, wie wir an Hand der Planeten unseres Sonnensystems sehen, klein im Vergleich zu ihrem Mutterstern, sie leuchten also mit Sicherheit sehr schwach. Planeten leuchten eigentlich selbst gar nicht, sie reflektieren nur das von der Sonne bzw. vom Stern kommende Licht. Planeten leuchten also um sehr viele Zehnerpotenzen schwächer als ihr Mutterstern, und so kann man sie nur in den seltensten Fällen um andere Sterne direkt beobachten. Am einfachsten findet man Planeten um andere Sterne, wenn es zu einem es zu einem Transit kommt. Der Planet geht vor seinem Mutterstern vorbei und verdunkelt diesen um einen sehr geringen Betrag. Durch sehr genaue Helligkeitsmessungen kann man aber diesen geringen Helligkeitsabfall während des Planetentransits messen und so auf den Planeten und sogar auf dessen Größe schließen.

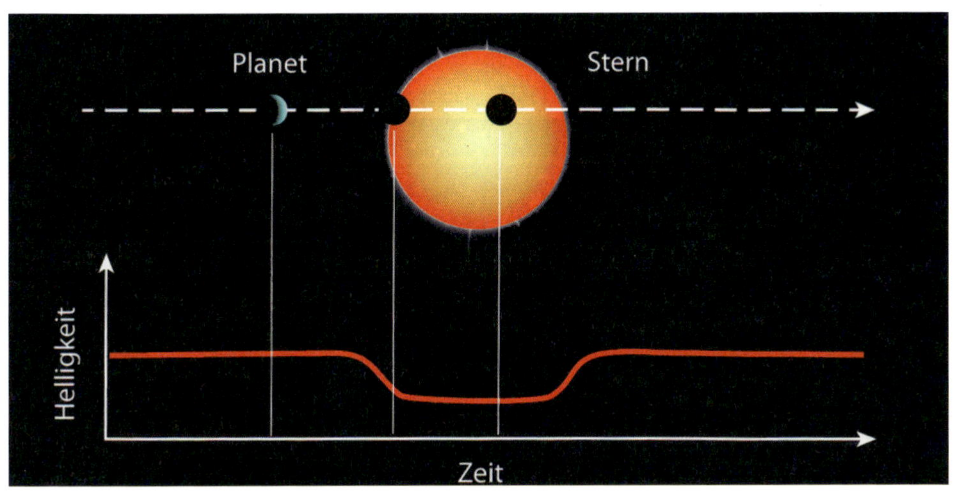

Beim Transit eines Exoplaneten kann man einen Helligkeitsabfall des Muttersterns messen.

Um es kurz zu machen: Vorstellungen von der Entstehung der Sonne und des Planetensystems gab es schon seit langer Zeit. Bereits Immanuel Kant veröffentlichte im Jahre 1755 sein Werk „Allgemeine Naturgeschichte und Theorie des Himmels". Im Jahre 1796 hat dann Pierre Simon Laplace seine Nebularhypothese aufgestellt.

Er ging von einer großen rotierenden Gaswolke aus, die die Sonne umgibt und die sich abflachte zu einer Scheibe in der dann die Planeten entstanden sind. Natürlich wurde diese Theorie in weiterer Folge verfeinert, aber die Grundprinzipien sind auch heute noch gültig. Gasscheiben beobachtet man sehr häufig im Universum. Deshalb war es von der Theorie her klar, dass es Exoplaneten, also Planeten um andere Sterne geben müsse.

Pierre Simon Laplace, 1745-1827

Die Sternentstehungsregion in unserer Nachbargalaxie, der großen Magellan'schen Wolke. ESA/NASA/HST

Man kann sogar noch weiter zurückgehen. Im Jahre 1584 schrieb der später durch die Inquisition verurteilte Giordano Bruno:
„Der Weltraum ist unendlich, deshalb muss es auch unendliche erdähnliche Welten geben.“ Giordano Bruno wurde im Jahre 1600 auf dem Scheiterhaufen am Campo de' Fiori verbrannt.

Der 1600 von der Inquisition am Scheiterhaufen verbrannte Giordano Bruno. Er gilt als Märtyrer der Wissenschaft. CC-BY-SA3.0

Der erste gesicherte Nachweis eines Exoplaneten gelang jedoch erst 1992 um einen sehr exotischen Stern, einen Pulsar. Pulsare sind nur einige 10 Kilometer große kompakte schnell rotierende Neutronensterne. Sie entstehen am Ende der Entwicklung massereicher Sterne durch einen Supernovaausbruch. Ihre Strahlung ist durch das starke Magnetfeld gebündelt. Pulsare rotieren sehr rasch. Wenn sie eines der beiden Strahlenbündel trifft, blitzt der Pulsar auf. Die Rotation erfolgt extrem schnell im Bereich von Millisekunden bis zu wenigen Sekunden.

Die große Frage nach der Entdeckung der ersten Exoplaneten um Pulsare war, weshalb es dort überhaupt Planeten geben konnte. Pulsare entstehen nach einem gewaltigen Supernovaausbruch, und eigentlich müsste dabei ein eventuell vorhandenes Planetensystem vollkommen zerstört worden sein.

Im Jahre 1054 beobachteten chinesische Astronomen ein helles sternartiges Objekt am Tageshimmel. Heute finden wir an dieser Position den Crabnebel. Aus der Ausdehnung der leuchtenden Gase des Nebels kann man leicht nachrechnen, dass er durch eine Explosion im Jahre 1054 entstanden sein muss.

Der etwa 7000 Lichtjahre von uns entfernte Crabnebel. Im Zentrum befindet sich der Überrest der Supernovaexplosion, ein nur etwa 10 km großer Pulsar.

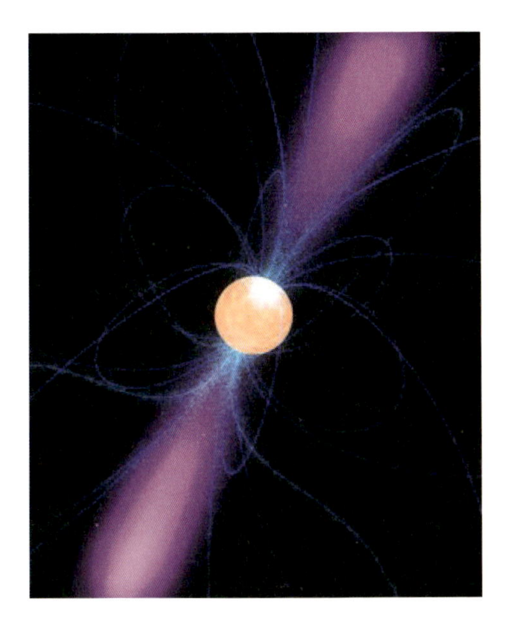

Bei einem Pulsar ist die Strahlung an den Magnetpolen gebündelt. NASA

Wenn es in der Umgebung eines Pulsars einen Planeten gibt, dann vollziehen der Pulsar und der Planet eine Bewegung um deren gemeinsamen Schwerpunkt, was sich in einer leichten aber messbaren periodischen Änderung des Pulses nachweisen lässt.

So könnte es auf der Oberfläche von 51 Pegasi aussehen.

Planeten um normale Sterne wurden erstmals 1995 nachgewiesen, um den Stern 51 Pegasi. Dieser Stern ist etwas größer als die Sonne und etwa 50 Lichtjahre von uns entfernt. Sein Begleiter ist ein Planet. Er befindet sich in nur 0,05 AE von seinem Mutterstern entfernt und kreist in 4,2 Tagen um diesen. Die Masse beträgt etwa 0,4 Jupitermassen. Wegen der großen Nähe zum Stern ist es auf diesem Planeten nicht sehr gemütlich. Es dürfte eine Oberflächentemperatur von etwa 1200 K herrschen.

Wie hat man den Planeten um 51 Pegasi nachgewiesen? Das Problem ist, dass man Planeten wegen ihrer geringen Helligkeit, ihrer Nähe zum Stern sowie wegen des großen Helligkeitsunterschiedes zwischen Stern und Planeten nicht direkt beobachten kann.

Bei diesem Stern hat man eine periodische Radialgeschwindigkeitskurve gemessen. Infolge seines Planeten bewegen sich Stern und Planet um den gemeinsamen Schwerpunkt. Nähert sich der Stern durch diese Bewegung der Erde, so misst man eine negative Geschwindigkeit, entfernt er sich von der Erde misst man eine positive Geschwindigkeit (die Beträge sind jeweils etwa 50 m/s). Wie kann man eigentlich Geschwindigkeiten von Sternen messen? Grundlage dafür ist der bekannte Dopplereffekt. Diesen kennen wir alle: sieht man z.B. Autorennen im Fernsehen nimmt die Tonhöhe (Frequenz) zu, wenn sich das Rennauto der Kamera und damit dem Mikrophon nähert. Entfernt sich das Auto wieder, nimmt die Tonhöhe (Frequenz) ab. Ähnlich ist es beim Licht. Die Frequenz nimmt zu, wenn sich eine Lichtquelle (Stern z.B.) dem Beobachter nähert, zunehmende Frequenz bedeutet abnehmende Wellenlänge. Im zerlegten Licht der Sterne (Spektrum) erkennt man dunkle und helle Linien, die von bestimmten chemischen Elementen stammen. Aus deren Verschiebung kann man also Geschwindigkeiten messen. Man spricht von Radialgeschwindigkeiten, das ist die Komponente der Geschwindigkeit, die auf uns zu- bzw. von uns weg gerichtet ist.

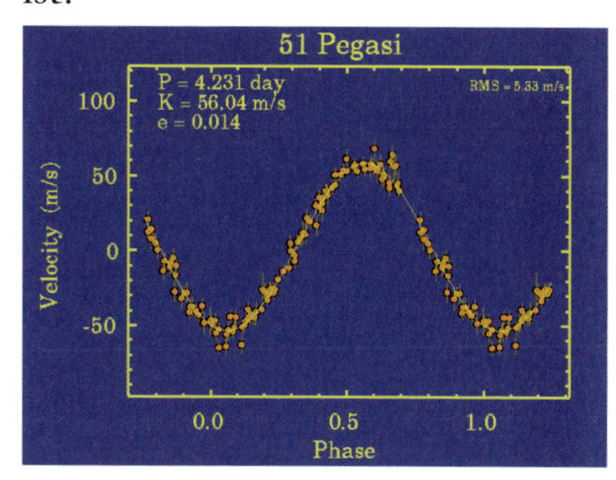

Radialgeschwindigkeitskurve des Sterns 51 Pegasi.

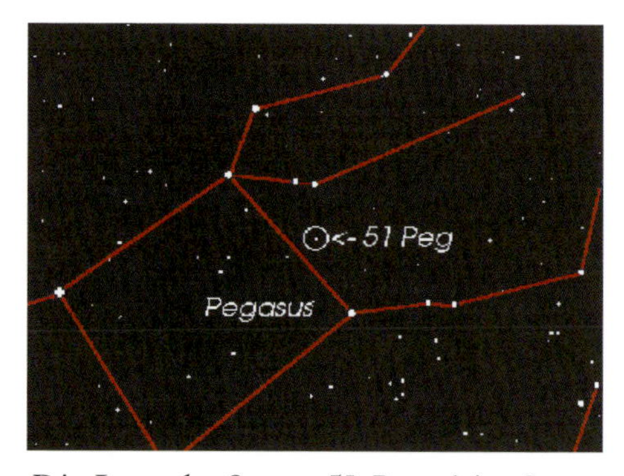

Die Lage des Sterns 51 Pegasi im Sternbild Pegasus, der bei uns im Herbst am Abendhimmel als großes Viereck gut zu sehen ist.

Heute kennen wir mehrere 1000 Exoplaneten, die meisten sind viel massereicher und größer als die Erde. Das ist jedoch ein Auswahleffekt, da man große massereiche Planeten leichter entdecken kann als kleine.

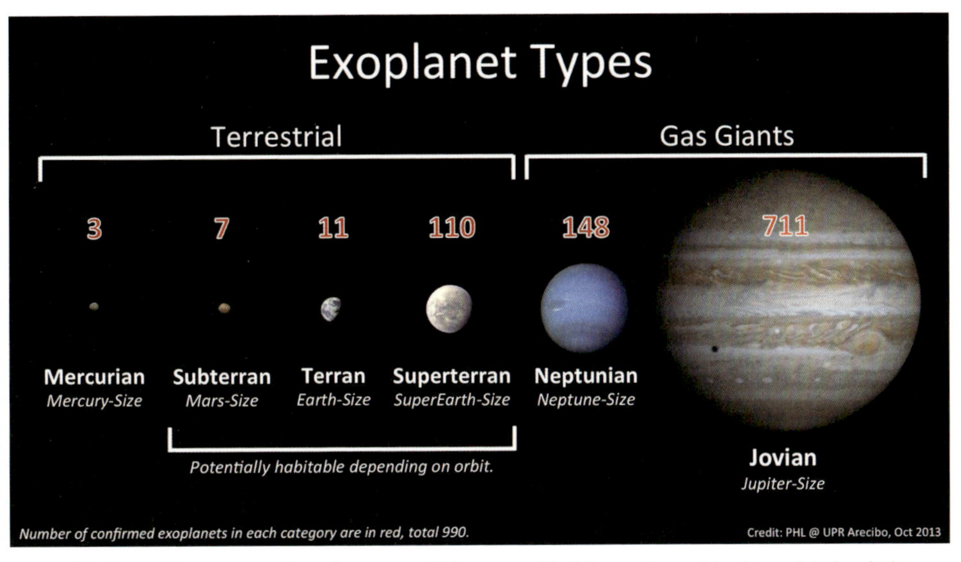

Verschiedene Typen von Exoplaneten. Die roten Zahlen geben die Anzahl der bekannten Objekte an (Stand 2014). Die meisten bekannten Objekte sind Gasriesen, etwa vergleichbar mit Jupiter.

Es gibt auch eigens konzipierte Weltraummissionen für die Suche nach Exoplaneten.

Der Satellit Kepler wurde 2009 gestartet. Er misst kontinuierlich die Helligkeit von etwa 145.000 Sternen und aus periodischen Helligkeitsänderungen wurden bisher mehr als 1000 Exoplaneten gefunden. Der Hauptspiegel des Teleskops misst 1,4 m Durchmesser. Das Teleskop ist mit einem großen Array von CCD Kameras ausgestattet mit dem man 105 Quadratgrad des Himmels gleichzeitig erfassen kann.

Das CCD Array-Detektorsystem des Kepler-Teleskops. Die Krümmung ist notwendig, um scharfe Abbildungen zu erhalten.

Das vom Keplersatelliten ausgewählte Himmelsfeld. Es reicht bis in etwa 3000 Lichtjahren Entfernung, ein winziger Ausschnitt unserer Milchstraße.

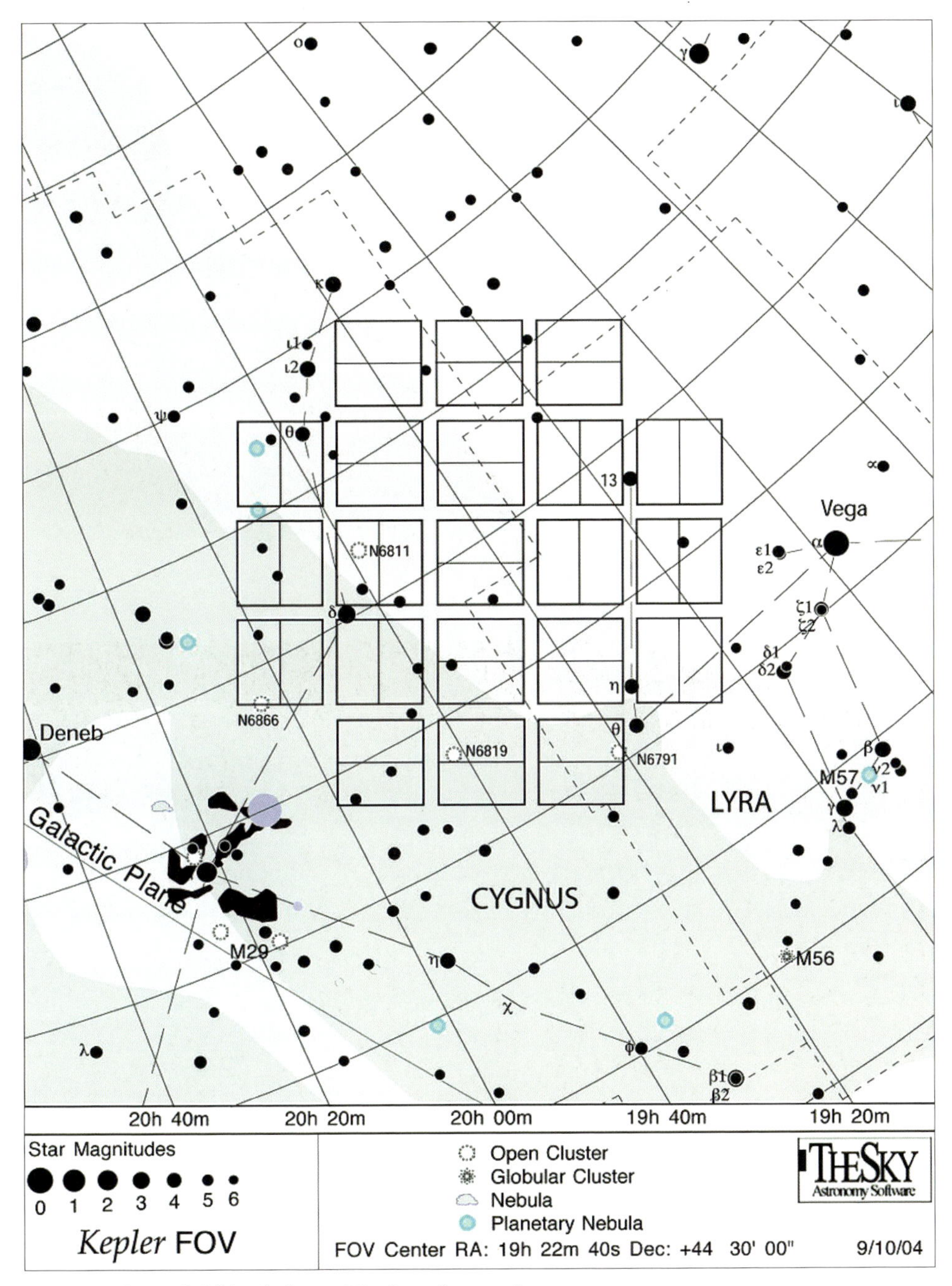

Dieses Himmelsfeld wird von Kepler überwacht.

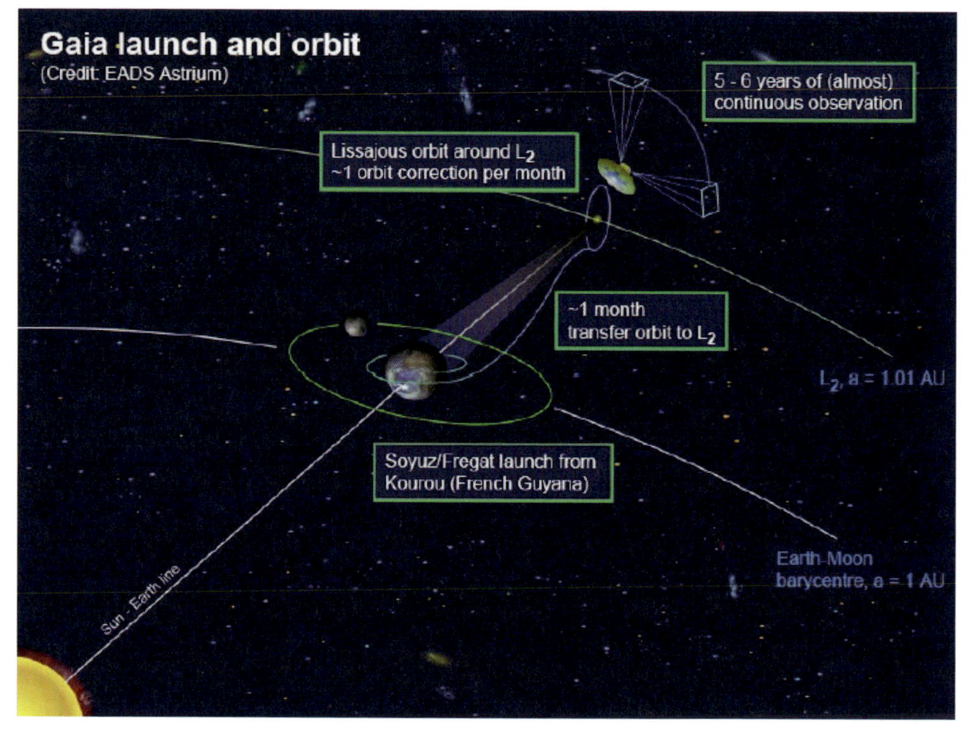

Eine weitere wichtige Satellitenmission ist GAIA. GAIA wurde 2013 gestartet und vermisst die exakte Position von etwa 1 % aller Sterne unserer Milchstraße. Der Satellit GAIA befindet sich in einer Entfernung von 1,5 Millionen km zur Erde und beobachtet 5-6 Jahre kontinuierlich den Himmel und misst exakte Sternpositionen.

Aus den exakten Sternpositionen bekommen wir einerseits die Entfernung der Sterne, andererseits lassen sich damit auch Exoplaneten nachweisen.

Wir kommen auf die Frage nach Leben auf anderen Planeten nochmals auf die Exoplaneten zurück.

Planeten beobachten

In diesem Abschnitt besprechen wir, wie man die Planeten am Himmel sehen kann. Wir stellen uns auch die Frage, zu welchen Zeitpunkten man Planeten besonders gut beobachten kann.

Planeten und das Zittern der Sterne

Jeder, der schon einmal den Nachthimmel beobachtet hat, kann sich an das Zittern der Sterne erinnern. In der Astronomie spricht man auch vom Seeing. Bei genauer Beobachtung sieht man, dass dieses Zittern umso stärker wird, je näher sich ein Stern beim Horizont befindet, d.h. je tiefer er am Himmel steht.

Das Zittern der Sterne entsteht durch die Luftturbulenzen in unserer Erdatmosphäre. Die Luft ist unterschiedlich warm, im Sommer steigen warme Luftmassen nach oben, kühlen dann ab und sinken wieder nach unten. Dazu kommen noch Winde.

Wir kennen das Zittern der Luft über erwärmtem Asphalt an heißen Sommertagen. Da Sterne praktisch nur punktförmig erscheinen, machen sich diese Luftturbulenzen durch ein Zittern des Sternbildchens bemerkbar. Von den Planeten bekommen wir jedoch, wegen ihrer Nähe zur Erde ein deutlich größeres Lichtbündel. Sie sind dann nicht mehr streng punktförmig, bereits in kleinen Teleskopen erkennt man ein Planetenscheibchen.

Luftturbulenzen in der Erdatmosphäre führen zu einem unscharfen Bild.

Deshalb ist das Blinken bei Planeten auch deutlich weniger ausgeprägt als bei Sternen. Wenn man also einen hellen „Stern“ am Himmel praktisch fast konstant leuchten sieht, handelt es sich mit großer Wahrscheinlichkeit um einen Planeten.

Das Bild des Vollmondes erscheint durch das Seeing (Luftturbulenzen) unscharf.

Wo stehen die Planeten am Himmel?

Zum Unterschied von den Sternen befinden sich die Planeten nur in bestimmten Himmelsgegenden, nämlich längs der Ekliptik. Unter Ekliptik versteht man die scheinbare Bahn, welche die Sonne im Laufe eines Jahres am Himmel zurücklegt. Im Laufe eines Jahres wandert die Sonne durch die Sternbilder des Tierkreises.

Widder, Stier, Zwillinge, Krebs, Löwe, Jungfrau, Waage, Skorpion, Schütze, Steinbock, Wassermann und Fische.

Natürlich bewegt sich die Sonne nicht, sondern die Erde läuft in einem Jahr um die Sonne. Dadurch entsteht von uns aus gesehen der Eindruck, als ob die Sonne sich am Himmel bewegen würde.

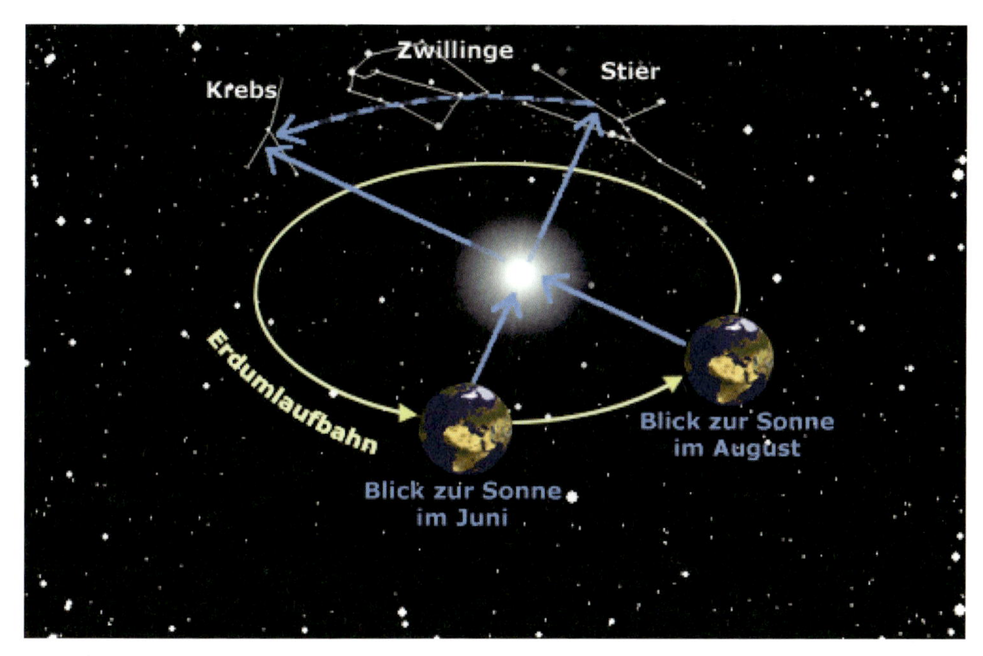

Von der Erde aus gesehen scheint sich die Sonne im Laufe der Zeit über den Himmel zu bewegen entlang der Ekliptik. ©BR

Im Sommer steht sie zu Mittag hoch über dem Horizont in den Sternbildern Zwillinge und Krebs, im Winter steht sie mittags ganz tief in den Sternbildern Skorpion und Schütze.

Die scheinbare Bahn der Sonne am Himmel im Laufe eines Jahres nennt man Ekliptik.

Die Bahnen der Planeten liegen alle nahezu in einer Ebene, deshalb findet man Planeten stets in Ekliptiknähe. Befindet sich also z.B. Mars im Sommer im Sternbild Krebs weiß man, dass er dann unsichtbar nahe der Sonne am Tageshimmel steht.

Übrigens, auch der Mond befindet sich in Nähe der Ekliptik, die Mondbahn ist maximal um 5 Grad gegen die Ekliptikebene geneigt. Eine Sonnenfinsternis tritt ein, wenn sich der Mond bei der Phase Neumond genau in der Ekliptikebene befindet, von der Erde aus gesehen also die Sonne verdunkelt. Eine Mondfinsternis tritt ein, wenn der Mond bei der Phase Vollmond in der Ekliptikebene steht. Deshalb auch die Bezeichnung Ekliptik, die aus dem Griechischen kommt und soviel wie Finsternislinie bedeutet. Die Griechen (und zuvor auch schon im alten Mesopotamien) erkannten, dass Finsternisse dann eintreten wenn sich der Mond bei Voll- oder Neumond auf der Ekliptik befindet.

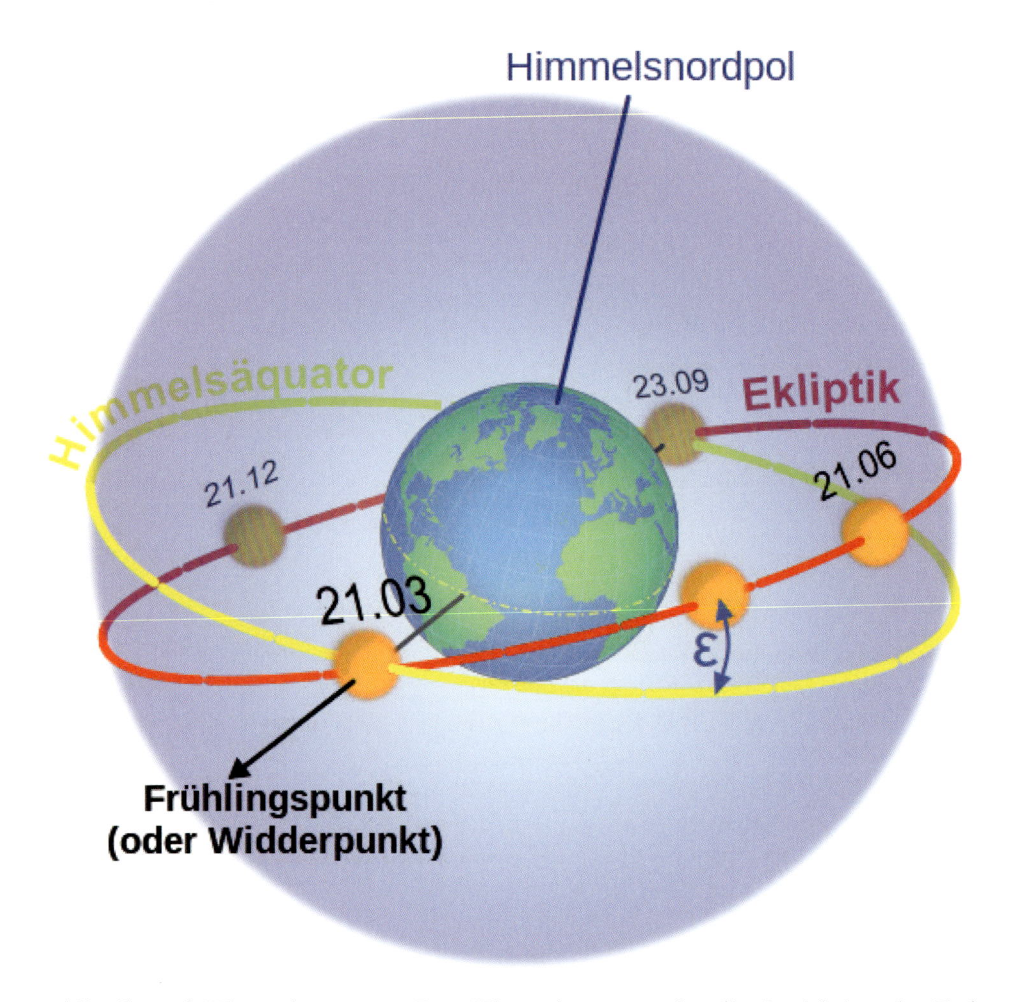

Ekliptik und Himmelsäquator. Der Himmelsäquator ist die Projektion des Erdäquators an den Himmel. CC BY SA 3.0, Fonsi.

Denken wir uns den Erdäquator an die Himmelskugel projiziert, bekommt man den Himmelsäquator. Die Ekliptik ist um den Winkel ε=23,5 Grad gegen den Himmelsäquator geneigt.

Venus: Morgen- oder Abendstern

Der hellste der Planeten ist Venus, die uns auch am nächsten kommen kann. Die Bahn des Nachbarplaneten verläuft innerhalb der Erdbahn. Deshalb kann man Venus nie die ganze Nacht hindurch sehen, sondern immer nur als Morgen- oder Abendstern. Venus ist dann als Morgenstern zu sehen, wenn sie sich westlich von der Sonne am Himmel befindet. Dann geht Venus vor der Sonne auf und kann in der Morgendämmerung gesehen werden. Die beste Sichtbarkeit als Morgenstern ist um die Zeit ihrer größten westlichen Elongation gegeben. Dann ist der Abstand zwischen Venus und Sonne am Himmel maximal.

Man kann Venus mehr als 3 Stunden vor Sonnenaufgang sehen. Als Abendstern sieht man Venus, wenn sie sich östlich von der Sonne am Himmel befindet. Wegen ihrer Helligkeit ist sie dann im Westen etwa 30 Minuten nach Sonnenuntergang zu sehen. Um die Zeit ihrer größten östlichen Elongation sieht man Venus dann bis fast Mitternacht auffallend hell am Himmel leuchten. Unsichtbar ist Venus zur Zeit ihrer oberen Konjunktion bzw. ihrer unteren Konjunktion. Bei der unteren Konjunktion steht sie der Erde am nächsten, bei der oberen Konjunktion ist sie am weitesten von der Erde entfernt. Im Teleskop kann man sehr schön Phasen der Venus erkennen. Um die Zeit ihrer größten östlichen Elongation ist sie etwa zur Hälfte beleuchtet. Etwa 3 Wochen vor ihrer unteren Konjunktion sieht man dann eine große, immer schmäler werdende Venussichel. Wenn der Planet dann etwa 2 Wochen nach seiner unteren Konjunktion am Morgenhimmel zu sehen ist, beobachtet man ebenfalls eine große schmale Venussichel, die langsam kleiner wird und um die Zeit der maximalen westlichen Elongation zur Halbevenus wird. Danach wird Venus immer voller beleuchtet, der Durchmesser nimmt aber ab.

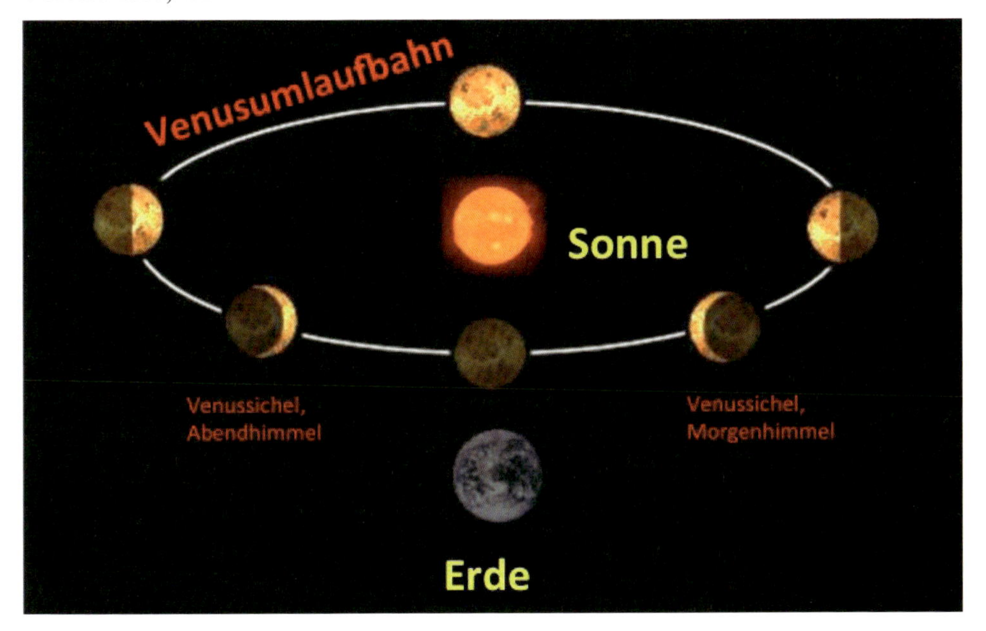

Phasen der Venus.

Planeten, deren Bahnen innerhalb der Erdbahn liegen, nennt man auch innere Planeten. Neben Venus gehört auch Merkur, der sonnennächste Planet, zu den inneren Planeten. Alles, was über Venus gesagt wurde, gilt auch für den Merkur. Wegen seiner Sonnennähe ist es allerdings schwierig den Planeten tief, nahe am Horizont zu finden. Es gibt viele Astronomen, die noch nie in ihrem Leben Merkur gesehen haben.

Mars: Der Rote Planet

Mars ist ebenfalls mit freiem Auge zu sehen, allerdings ändern sich seine Beobachtungsbedingungen sehr stark, vor allem was seine Helligkeit anbelangt. Zunächst ist festzuhalten, dass sich die Umlaufbahn des Mars um die Sonne außerhalb der Erdbahn befindet. Mars kommt der Erde am nächsten zur Zeit seiner Opposition. Dann kann er die gesamte Nacht hindurch gesehen werden. Er geht auf, wenn die Sonne untergeht, und unter, wenn diese aufgeht.

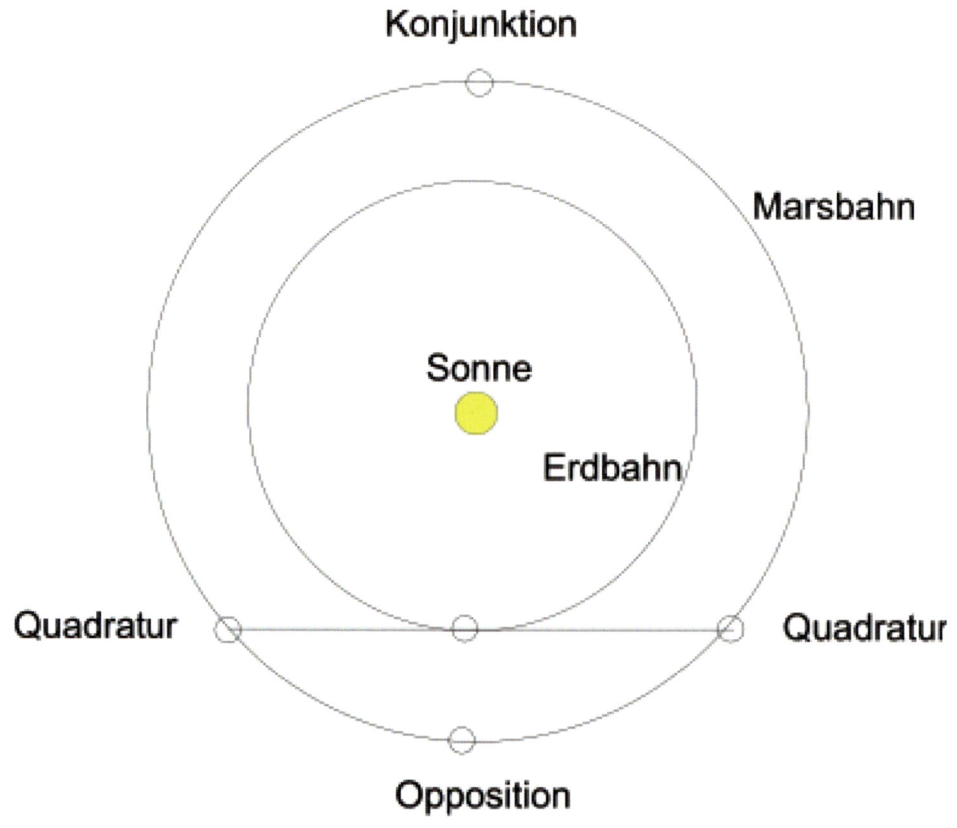

Die verschiedenen Stellungen eines äußeren Planeten.

Zur Zeit seiner Konjunktion steht er mit der Sonne am Tageshimmel und ist nicht zu beobachten. Zur Zeit seiner Opposition ist Mars ein sehr auffälliges Objekt am Himmel und übertrifft an Helligkeit die meisten hellsten Sterne. Da seine Bahn stark elliptisch ist, beträgt der minimale Abstand zwischen Mars und Erde zur Zeit seiner Opposition zwischen etwa 56 Mio. und mehr als 100 Mio. km. Bei erdnahen Oppositionen kann Mars so hell wie Jupiter werden und ist dann sehr auffällig, rötlich leuchtend am Himmel.

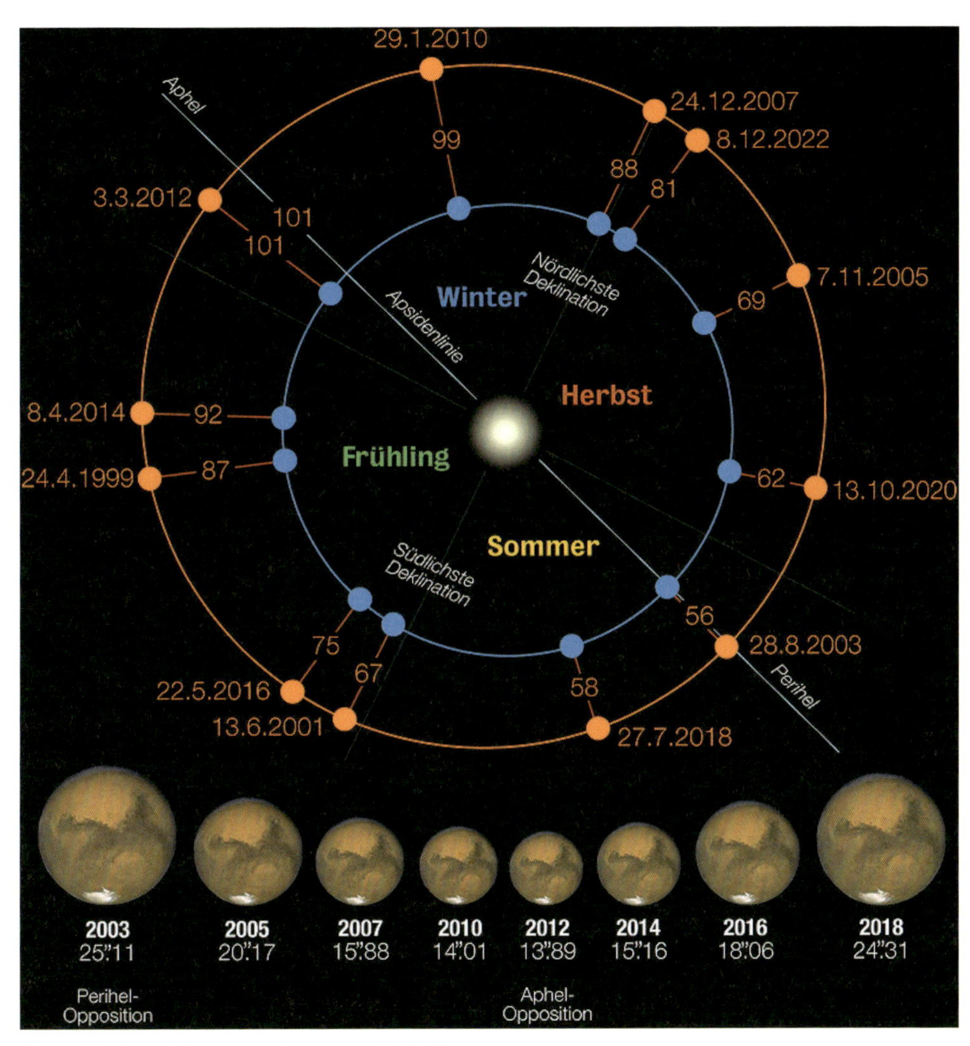

Verschiedene Marsoppositionen. © T. Baer.

Jupiter und Saturn

Jupiter ist meist nach Venus der zweithellste Planet am Himmel; nur ganz selten wird er an Helligkeit von Mars übertroffen. Jupiter benötigt zu einem Umlauf um die Sonne etwa 11 Jahre. Deshalb findet man diesen Planeten von Jahr zu Jahr in einem anderen Tierkreisternbild. Im Jahre 2016 befand sich der größte Planet des Sonnensystems im Sternbild Jungfrau, 2017 wandert er dann in das Sternbild Waage usw. Bereits mit einem Feldstecher sieht man die vier größten Monde von Jupiter, die bereits Galileo Galilei entdeckt hat.

Die Monde kreisen in der Äquatorebene des Planeten um ihn.

Sehr schön sieht man das wechselseitige Schauspiel, einmal stehen alle Monde links vom Planeten, dann sieht man einen links, die anderen rechts, oder ein Mond geht gerade vor der Planetenscheibe vorbei. Mit einem Teleskop kann man dann sehen, wie der Schatten des Mondes vor der Jupiterscheibe wandert.

Saturn ist der letzte der äußeren Planeten, der mit bloßem Auge zu sehen ist. Seine Helligkeit ist in etwa gleich jener der hellsten Sterne und deshalb ist er bei weitem nicht so auffällig wie Venus, Jupiter oder Mars während dessen Opposition. Der berühmte Saturnring ist bereits mit kleinen Teleskopen ab etwa 25facher Vergrößerung erkennbar.

Wochentage und Planeten

Woher kommen eigentlich die Bezeichnungen für unsere Wochentage bzw. überhaupt die 7-Tagewoche? Die Namen unserer Wochentage leiten sich von den fünf mit bloßem Auge sichtbaren Planeten sowie Sonne und Mond ab:

Sonntag: ....Tag der Sonne

Montag: ....Tag des Mondes

Dienstag: ....(französisch Mardi) Tag des Mars,

Mittwoch:...........................(französisch Mercredi) Tag des Merkur

Donnerstag:........................(ital. Giovedi) Tag des Jupiter

Freitag: ....(französisch Vendredi) Tage der Venus

Samstag: ....(engl. Saturday) Tag des Saturn

Das Problem der Planetenschleifen

Die Bahnen von Sonne, Mond und Planeten wurden in allen alten Kulturen genau verfolgt. Es zeigte sich, dass Planeten manchmal Schleifenbewegungen am Himmel ausführen. Da man im Altertum immer von einer exakten Kreisbewegung ausging war es nur mit komplizierten Annahmen möglich, diese Schleifenbewegungen zu erklären (Epizykeltheorie), wenn man davon ausgeht, die Erde befindet sich im Mittelpunkt und Sonne, Mond und Planeten kreisen um die ruhende Erde.

Nimmt man jedoch an, die Sonne befindet sich im Zentrum des Planetensystems, lassen sich diese Bewegungen einfach erklären:

Eine Schleifenbewegung ergibt sich immer dann, wenn die schnellere Erde einen weiter außen liegenden Planeten überholt.

Man sieht:

In der Physik sind immer die einfacheren Theorien die richtigen!

Durch genaue Beobachtungen war man bereits im Altertum in der Lage Finsternisse oder besondere Planetenstellungen vorherzusagen. Besonders reizvoll ist es, wenn die beiden hellsten Planeten, Venus und Jupiter einander am Himmel nahekommen.

Der Stern von Bethlehem war wahrscheinlich eine Begegnung der beiden Planeten Jupiter (Königsstern der Römer) und Saturn (Königsstern der Juden) im Sternbild der Fische (dort befand sich zur Zeit der Geburt Christi der Frühlingspunkt, also der Ort der Sonne zu Frühlingsbeginn).

Quiz: Sie beobachten in der Abenddämmerung, lange bevor die meisten anderen Sterne sichtbar sind, einen hellen Stern im Westen und einen hellen Stern im Osten. Welche Planeten könnten dies ein?

Antwort: Das Objekt im Westen ist Venus , sie ist der Abendstern; im Osten könnte es sich um Jupiter handeln, da er ja nur sehr selten von Mars an Helligkeit übertroffen wird. Außerdem erkennt man Mars leicht an seiner rötlichen Farbe.

Die Erde als Planet

In diesem Kapitel beschreiben wir unsere Erde als Planeten. Wie ist ihre Stellung im Vergleich zu den übrigen Planeten? Was wissen wir über den Aufbau der Erde? Was zeichnet die Erde gegenüber anderen Planeten aus?

Die Größe der Erde bestimmen

Schon im Altertum gab es erste Versuche die Größe der Erde zu bestimmen. Dass die Erde möglicherweise kugelförmig sein müsste, wurde aus folgenden Beobachtungen abgeleitet:

Bei einer Mondfinsternis ist der Schatten der Erde stets kreisförmig. Wäre die Erde eine Scheibe, dann müsste der Erdschatten elliptisch sein.

Von einem weit entfernten Schiff sieht man zuerst nur dessen hohen Segelmast.

Bereits Aristoteles schrieb von der Kugelgestalt der Erde. Aristoteles lebte von 384 bis 322 v. Chr. Zusammen mit seinem Lehrer Platon gilt er als einer der bedeutendsten Philosophen und Lehrer der Antike.

Natürlich wurde auch versucht, die Größe der Erde zu ermitteln. Von Aristoteles ist eine Schätzung des Erdumfanges bekannt. Er schätzte den Umfang der Erde auf etwa 400.000 Stadien. Das attische Stadion hatte etwa 177 m. Eine erste genaue wissenschaftliche fundierte Bestimmung des Erdumfanges geht jedoch auf Eratosthenes zurück. Eratosthenes stammte aus Kyrene und sein Geburtsdatum liegt zwischen 276 und 273 v. Chr. Er ging von folgender Beobachtung aus: Die Sonne steht zur Zeit der Sommersonnenwende in der ägyptischen Stadt Syene (heutiges Assuan) genau im Zenit, sie ist also von einem tiefen Brunnen aus sichtbar, im weiter nördlich gelegenen Alexandria steht sie jedoch etwa 7 Grad und 12 Bogenminuten vom Zenit entfernt und kann somit nicht von einem tiefen Brunnen aus gesehen werden. Nun macht man eine einfache Schlussrechnung:

7 Grad zu 360 Grad (voller Kreisumfang) verhalten sich wie Entfernung Syene-Alexandria zum Erdumfang.

Die Entfernung Syene-Alexandria wurde mit 5000 Stadien angegeben.

Wie genau konnte Eratosthenes mit dieser Methode den Erdumfang bestimmen? Aus den Zahlen wird klar, dass die Entfernung Syene-Alexandria etwa 1/50 des Erdumfanges beträgt. Dann ist der Fehler zum wahren Wert etwa 4 %.

Wir wissen allerdings nicht genau welcher Wert für seine Entfernungsangabe in Stadien verwendet wurde, sicher nicht das alte attische Stadionmaß, sondern ein kleinerer Wert. Neben den Ungenauigkeiten, die sich aus diesen Unsicherheiten ergeben, ist auch zu berücksichtigen, dass die Stadt Syene etwas weiter östlich als Alexandria liegt. Dennoch ist es verblüffend zu sehen, wie einfach man aus Beobachtungen mit bloßem Auge den Umfang der Erde ermitteln kann.

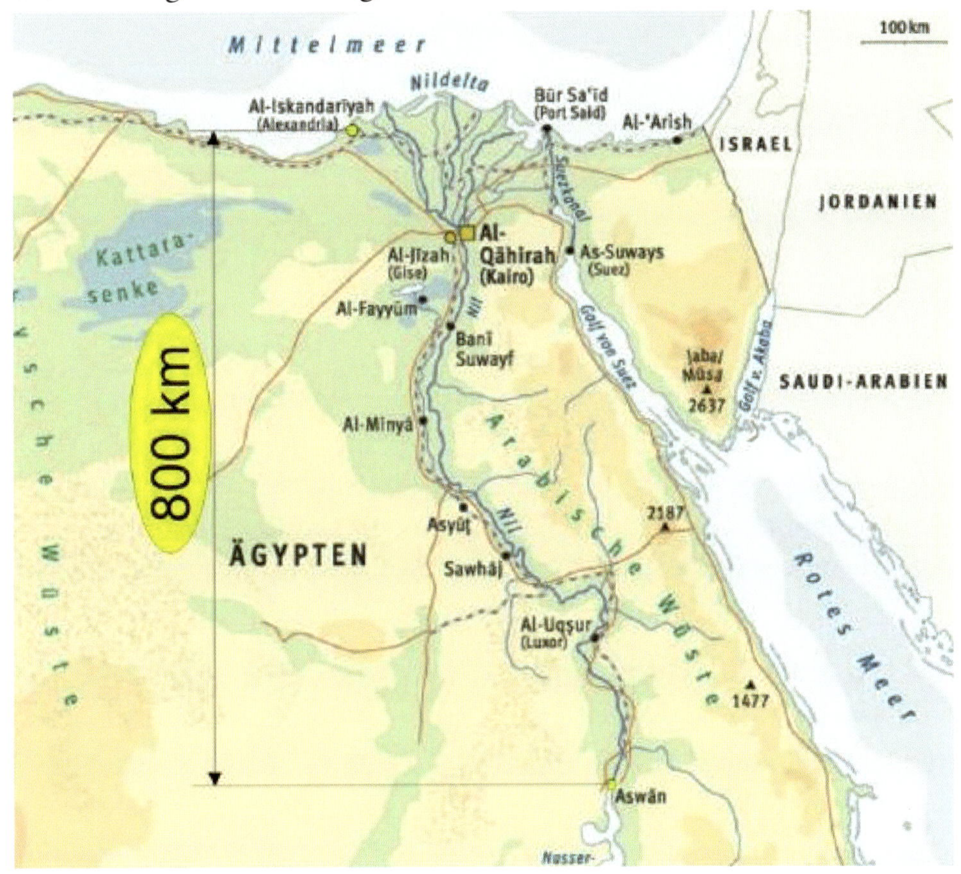

Karte Ägyptens. Die Stadt Syene entspricht dem heutigen Assuan (Aswan).

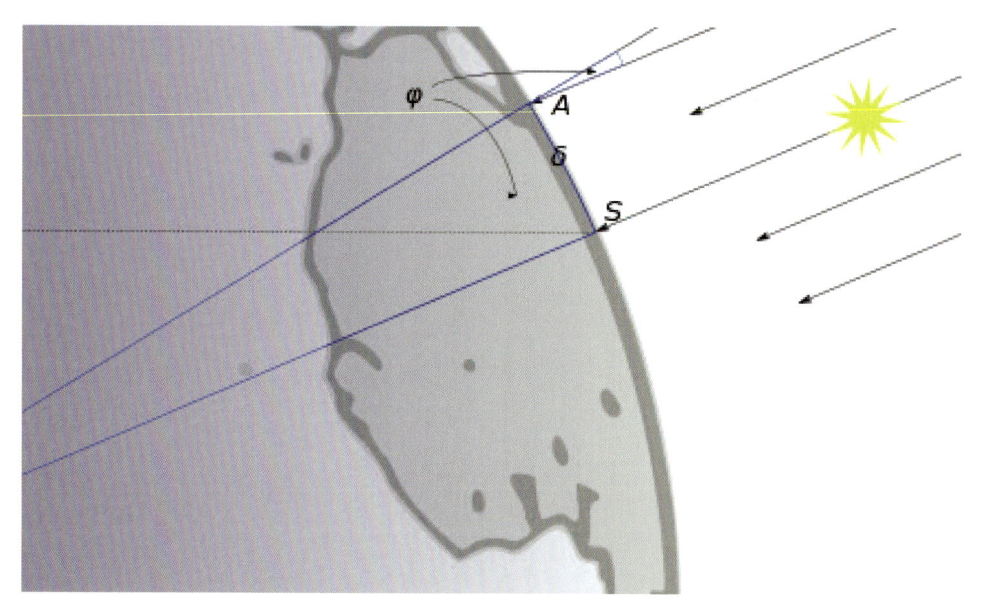

Methode des Eratosthenes zur Bestimmung des Erdumfangs. A bedeutet die Stadt Alexandria, S bedeutet die Stadt Syene. Wo die Sonnenstrahlen bei Sommerbeginn senkrecht einfallen. CC BY-SA 3.0

Eine lustige Rechnung dazu: Stellen wir uns vor, wir könnten ein Seil um den gesamten Umfang der Erde legen. Das Seil wäre gespannt. Würde man das Seil nun um einen Meter verlängern, könnte man dann unter dem Seil hindurchkriechen? Die Lösung dieses Problems ist ganz einfach. Erinnern wir uns:

Der Umfang einer Kugel mit Radius R beträgt

$U=2\pi R$, wobei die Zahl $\pi=3{,}1415$.

Der Erdumfang soll 40 000 km betragen, dann ergibt sich daraus ein Radius von $R=U/2\pi=40.000.000$ m/6,28

Nun verlängern wir das Seil um einen Meter, also beträgt U=40.000.001 m, und daraus ergibt sich eine Radius R=40.000.001 m/6,28.

Vergleicht man die beiden Werte für den Erdradius, dann sieht man, dass bei einer Veränderung des Erdumfanges von einem Meter der Radius um 17 cm zunimmt, wenn man sich anstrengt kann man also unter dem Seil durchkriechen. Das hätten Sie sicher nicht erwartet?

Meist nimmt man für den Erdradius den Wert 6371 km, der Erddurchmesser beträgt dann 12.742 km. Am Äquator beträgt der Umfang der Erde 40.075 km.

Die Oberfläche der Erde

Die Erde besteht aus 6 Kontinenten: Asien, Afrika, Australien, Amerika, Europa und Antarktis. Diese Kontinente sind durch drei Ozeane abgegrenzt: Atlantischer Ozean, Pazifischer Ozean und Indischer Ozean.

Von allen Planeten ist unsere Erde der fünftgrößte im Sonnensystem und von der Sonne aus gesehen der dritte Planet.

Die genauen Daten: Äquatordurchmesser 12756,32 km, Poldurchmesser 12.713,55 km. Die Erde ist wegen ihrer Rotation leicht abgeplattet.

Die Masse der Erde beträgt 5,974 x 10^{24}kg.

Die Masse eines Himmelskörpers kann man auf verschiedene Weise bestimmen. Wir können beispielsweise die Masse der Erde aus dem Umlauf des Mondes um diese ermitteln. Der Mond wird von der Erde angezogen. Die Kraft, die zwischen dem Mond und der Erde wirkt, ist durch das Newtonsche Gravitationsgesetz gegeben. Sie hängt ab von der Masse der Erde M_E, der Masse des Mondes M_M und vom Abstand Erde-Mond R. G sei die Gravitationskonstante G=6,67 x 10^{-11}.

Das Gravitationsgesetz lautet:

$F=G\ M_E M_M/R^2$.

Damit unser Mond nicht auf die Erde stürzt, kreist er um diese. Dies führt zu einer nach außen gerichteten Zentrifugalkraft. Diese Kraft ist uns sicher bekannt. Fährt man mit einem Auto schnell in eine enge Kurve, dann wird es gefährlich.

Die Zentrifugalkraft ergibt sich aus der Formel

$F_Z=M_M R 4\pi^2/T^2$

Dabei ist T die Umlaufdauer des Mondes um die Erde. Die Zahlenwerte, die wir benötigen lauten: T=27,32 Tage, Abstand Erde-Mond =384.400 km. Setzen wir die beiden Kräfte gleich:

$F_Z=F$ dann kürzt sich daraus die Masse des Mondes weg und wir bekommen für die Masse der Erde:

$M_E=4\pi^2/G\ R^3/T^2 = 6 \times 10^{24}$ kg.

Der Fehler zum wahren Wert beträgt weniger als 1 %. Was haben wir nicht berücksichtigt? In Wirklichkeit bewegen sich beide Himmelskörper um den gemeinsamen Schwerpunkt:

Der Mond bewegt sich um den Schwerpunkt des Systems Erde -Mond.

Die Erde eiert ebenfalls um diesen Schwerpunkt.

Wegen der größeren Masse der Erde liegt der Schwerpunkt im Erdinneren.

Noch genauer wird die Bestimmung der Erdmasse, wenn man die Umlaufdauer eines Satelliten einsetzt, da die Masse des Satelliten natürlich vernachlässigbar gegenüber der Masse der Erde ist.

Erde von Apollo 17 aufgenommen im Dezember 1972.

Das Beispiel der Bestimmung der Erdmasse zeigt ein ganz wichtiges Prinzip in der Astrophysik:

Massen von Himmelskörpern lassen sich immer nur dann bestimmen, wenn sich ein weiterer Körper in der Nähe befindet, der den Hauptkörper umkreist.

Nun kennen wir zwei wichtige Größen der Erde: Ihren Durchmesser sowie ihre Masse. Daraus kann man die mittlere Dichte der Erde ausrechnen (Dichte=Masse/Volumen).

Sie beträgt 5,15 g/cm^3 oder 5150 kg $/m^3$. Zum Vergleich: Leichtbeton hat eine Dichte zwischen 1000 und 2400 kg/m^3. Die Dichte der Luft beträgt etwa 1,29 kg/m^3, Wasser 1000 kg/m^3. Neutronensterne oder Pulsare besitzen eine unvorstellbare Dichte von $10^{17} kg/m^3$.

Einschub: keine Angst vor großen Zahlen:

Nur zur Erinnerung: Um keine langen Zahlen schrieben zu müssen, schreiben wir Potenzen:

$10 = 10^1$

$100 = 10 \times 10 = 10^2$

$1000 = 10 \times 10 \times 10 = 10^3$

$1000.000 = 10 \times 10 \times 10 \times 10 \times 10 \times 10 = 10^6$

Die bei einer Zahl stehende Hochzahl zeigt also an, wie oft man die Zahl mit sich selbst multiplizieren muss.

Ein letztes Beispiel: $2^4 = 2 \times 2 \times 2 \times 2$

Die Dichte der Erde ist nicht überall gleich. Sie ist an der Oberfläche geringer als im Erdkern. Der Grund dafür ist einfach erklärt: Während ihrer Bildung war die Erde aufgeschmolzen. Deshalb konnten schwerere Elemente wie Eisen und Nickel nach unten absinken. Die leichteren Elemente wie Silizium blieben an der Erdoberfläche. Man nennt diesen Vorgang Differentiation der Elemente.

Die Rotation der Erde

Die Erde rotiert, deshalb bewegen sich scheinbar Sonne, Mond, Planeten, Sterne innerhalb eines Tages um den Himmel. Unsere Sprache ist allerdings nicht korrekt, wir sprechen noch immer vom Auf- und Untergang der Sonne oder des Mondes. In Wirklichkeit geht die Sonne nicht im Osten auf und im Westen unter, sondern die Erde dreht sich von West nach Ost. Bei der Rotation der Erde muss man zwischen siderischer und synodischer Rotation unterscheiden. Betrachten wir einen Stern, z.B. den Sirius. Nehmen wir an, dieser Stern wäre heute Abend um exakt 20.00 Uhr im Süden d.h. er steht am höchsten über dem Horizont. Nach einer Zeitspanne von 23 Stunden und 56 Minuten, steht Sirius wieder am höchsten. Also steht Sirius am nächsten Tag bereits um 19 Uhr 56 Minuten am höchsten im Süden, um 4 Minuten früher.

Die Länge des Tages orientiert sich aber am Lauf der Sonne. Vereinfacht gesagt, befindet sich die Sonne nach genau 24 Stunden wieder am selben Ort, wenn also heute die Sonne um 12.00 am höchsten steht, dann tut sie dies morgen ebenfalls um diese Zeit. Dies nennt man synodische Rotation der Erde. Der Unterschied zwischen siderischer und synodischer Rotation ist durch die Bewegung der Erde um die Sonne gegeben. Nach einer siderischen Rotation stehen zwar die Sterne wieder am selben Punkt am Himmel, die Sonne jedoch nicht, da sich die Erde während eines Tages ein kleines Stück auf ihrer Umlaufbahn weiterbewegt hat.

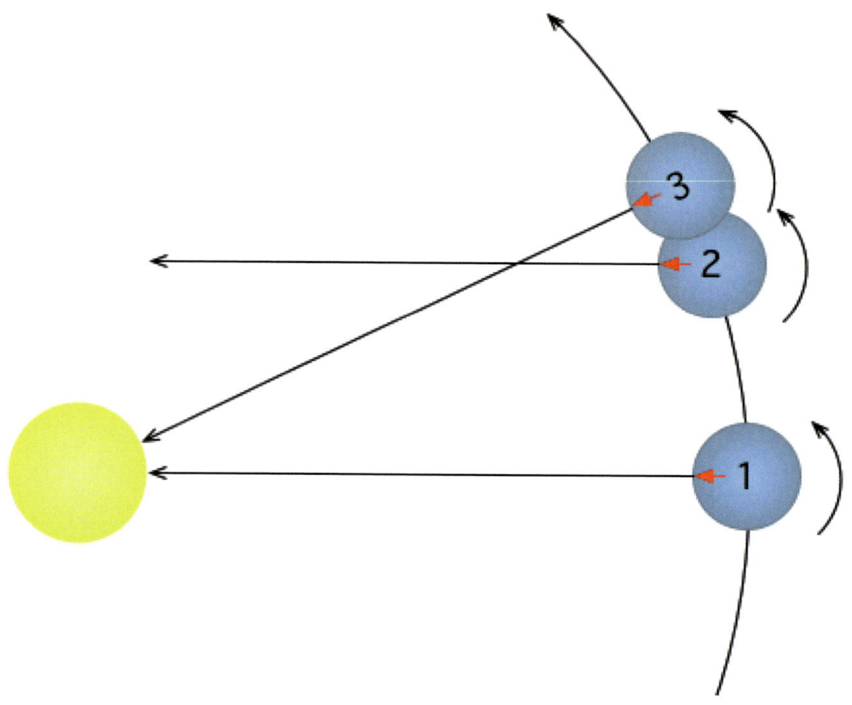

Unterschied zwischen siderischer Rotation der Erde (1 bis 2) und synodischer Rotation (1 bis 3). Die beiden parallelen Pfeile zeigen zu einem weit entfernten Stern.

Wir sehen also: Geht z.B. der Planet Jupiter heute um 22.00 Uhr auf, so geht er nach einem Monat um etwa 2 Stunden früher auf. Die zu sehenden Sterne und Sternbilder am Nachthimmel ändern sich also im Laufe einer Nacht.

Die Erdachse zeigt zufällig zu einem Stern, den Polarstern, der sich allerdings nicht ganz genau dort befindet. Fotografiert man die Sterne mit feststehender Kamera, so sieht man bei längerer Belichtung, dass sich alle Sterne um den fast still stehenden Polarstern bewegen.

Der Polarstern (Punkt in der Mitte). Alle Sterne bewegen sich infolge der Erdrotation um den Polarstern.

Fällt man das Lot vom Polarstern, hat man die Nordrichtung. Die Höhe des Polarsterns über dem Horizont ist durch die geographische Breite des Beobachtungsortes gegeben. Befindet man sich genau am Nordpol der Erde, dann steht der Polarstern genau im Zenit. Für Graz, mit einer geographischen Breite von etwa 47 Grad, befindet er sich hingegen nur 47 Grad über dem Horizont. Am Äquator der Erde würde er genau am Horizont liegen, also praktisch nicht zu sehen. Übrigens die Bewohner auf der Südhalbkugel der Erde haben nicht das Glück einen markanten Stern beim Himmelssüdpol zu sehen.

Nehmen wir an, Sie werden entführt und haben kein Handy zur Verüfung. Wie können Sie dann die geographische Breite Ihres Aufenthaltsortes ermitteln? Ganz einfach, bitten Sie Ihre Entführer einen Blick zum Nachthimmel werfen zu dürfen, bestimmen Sie die Höhe des Polarsterns und schon wissen Sie bei welcher Breite Sie sich befinden. Ist kein Polarstern zu sehen, sind Sie auf der Südhalbkugel der Erde gelandet. Man kann die Grade am Himmel abschätzen durch folgenden Trick. Wenn man seine Faust ausstreckt entspricht der am Himmel aufgespannte Winkel etwa 8 Grad (das gilt für mittlere Faustgröße).

Der scheinbare Durchmesser des Vollmondes oder der Sonne am Himmel beträgt etwa ½ Grad.

Die schiefe Erdachse

Die Erdachse ist nicht senkrecht zur Bahnebene der Erde sondern um 23,5 Grad geneigt. Durch diese Neigung entstehen die Jahreszeiten. Für die Nordhalbkugel der Erde gilt: Im Sommerhalbjahr scheint die Sonne mehr als 12 Stunden, sie befindet sich nördlich des Himmelsäquators, die Tage sind länger als die Nächte. Nahe dem Nordpol ist die Sonne sehr lange sichtbar, oder geht überhaupt nicht unter (Mitternachtssonne).

Im Winterhalbjahr scheint die Sonne weniger als 12 Stunden und die Nächte werden sehr lange, speziell in höheren geographischen Breiten.Jahreszeiten (für Nordhalbkugel der Erde). Die Lage der Erdachse bleibt gleich, im Sommer wird die nördliche Hemisphäre länger beleuchtet, auch der Nordpol.

Störungen der Erdachse

Die Lage der Erdachse im Raum bleibt nicht gleich. Man stelle sich einen Kreisel vor. Wir versetzen diesen Kreisel in rasche Rotation. Er wird, obwohl er nur an der Spitze mit dem Boden verbunden ist, stabil rotieren. Geben wir dem Kreisel einen seitlichen Schubs, macht er eine Schlingerbewegung, rotiert aber immer noch. Genau das passiert mit der Erdachse. Die nicht senkrecht zur Bahnebene der Erde stehende Erdachse bekommt den Schubs durch die Anziehungskräfte von Sonne und Mond und den anderen Planeten die sich in bzw. nahe der Ekliptik befinden. Deshalb wird die Erdachse ebenfalls eine Schlingerbewegung durchführen, was man als Präzession bezeichnet. Die Periode dieser Bewegung dauert allerdings lange, etwa 26.000 Jahre. Was bedeutet dies? Erstens bleibt die Schiefe der Erdachse, die etwa 23,5 Grad beträgt erhalten (stimmt nicht genau, da durch die Störungen der Planeten sich dieser Winkel um plus oder minus 1 Grad in etwa ändern kann, allerdings in Zeiträumen, die größer sind als die Periode der Präzession). Aber die Richtung der Erdachse ändert sich. Gegenwärtig zeigt sie im Norden in Richtung eines in einer sternarmen Gegend relativ hellen Sternes, eben unseren Polarstern, doch das ändert sich im Laufe der Zeit.

In der Antike war ein anderer Stern Polarstern und in etwa 12.000 Jahren wird der hellste Stern des nördlichen Sternenhimmels, die Wega, der Polarstern sein. Mit der Präzession ändert sich auch die Lage des Frühlingspunktes am Himmel. Der Frühlingspunkt ist der Ort der Sonne am Himmel zu Frühlingsbeginn, da steht sie genau am Himmelsäquator, Tag und Nacht sind gleich lang. Momentan befindet sich dieser Punkt im Grenzgebiet Fische/Wassermann, zur Zeit Christi Geburt wanderte er vom Sternbild Widder in das Sternbild der Fische (in biblischen Darstellungen findet man Christus oft als Fisch). Ein weiteres Detail noch: die Bahn des Mondes ist um etwa 5 Grad zur Ekliptik geneigt, die Anziehung des Mondes auf den Äquatorwulst der Erde verursacht die sogenannte Nutation, die Periode ist hier viel kürzer nämlich 18,6 Jahre. Diese Bewegung ist der Präzessionsbewegung überlagert. Will man exakt wissen, wo sich der Himmelspol befindet, muss man all diese Effekte berücksichtigen.

Wie schon erwähnt, ändert sich durch den Einfluss der Planeten auch die Schiefe der Erdachse, aber zum Glück nur geringfügig. Die Schiefe der Erdachse bestimmt die Jahreszeiten. Je größer der Winkel ist, desto ausgeprägter werden die Jahreszeiten. So bestimmen die Planeten also auch langfristig das Klima.

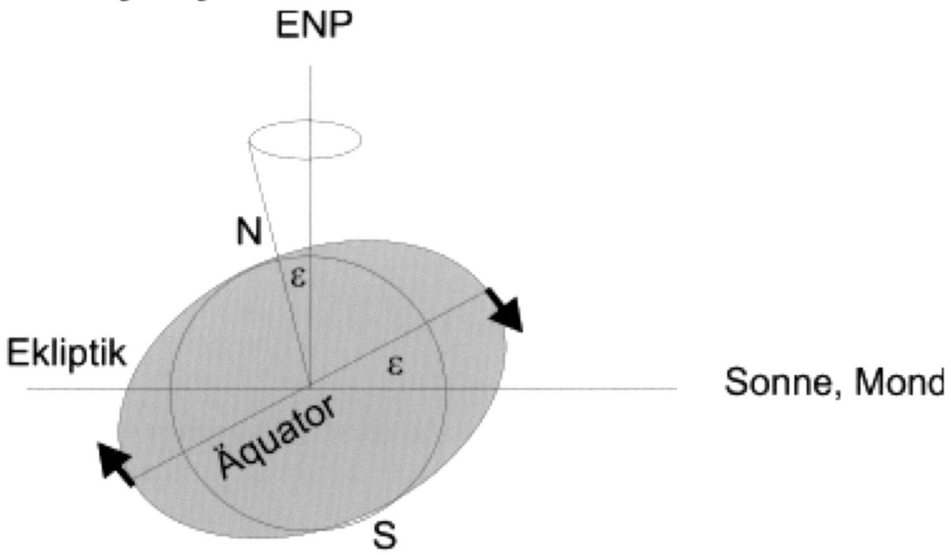

Erklärung der Präzession der Erdachse. Die Erde ist wegen ihrer Rotation abgeplattet. Auf den Äquatorwulst der Erde wirken die Kräfte von Sonne und Mond und versuchen die Erdachse aufzurichten, die mit der Präzessionsbewegung darauf reagiert. ENP bedeutet eklitpitakler Nordpol.

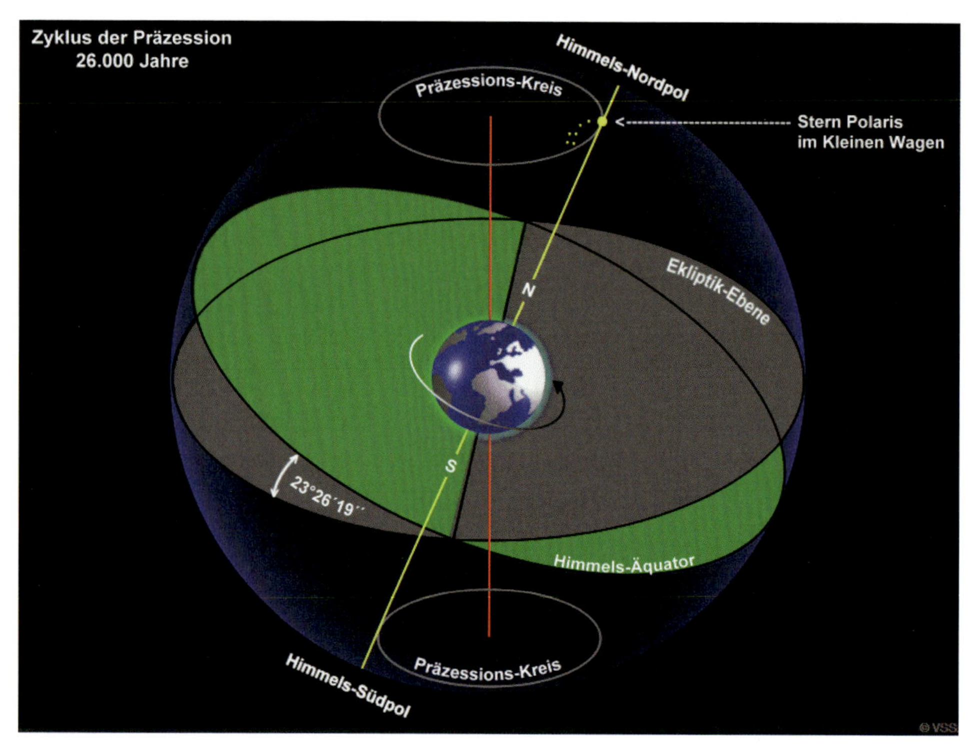

Präzessionsbewegung, © Sternwarte Singen

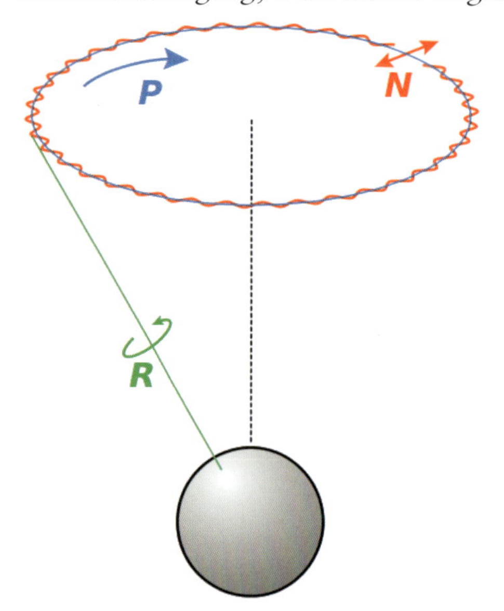

Überlagert der Präzession ist die Nutation (rot eingezeichnet).

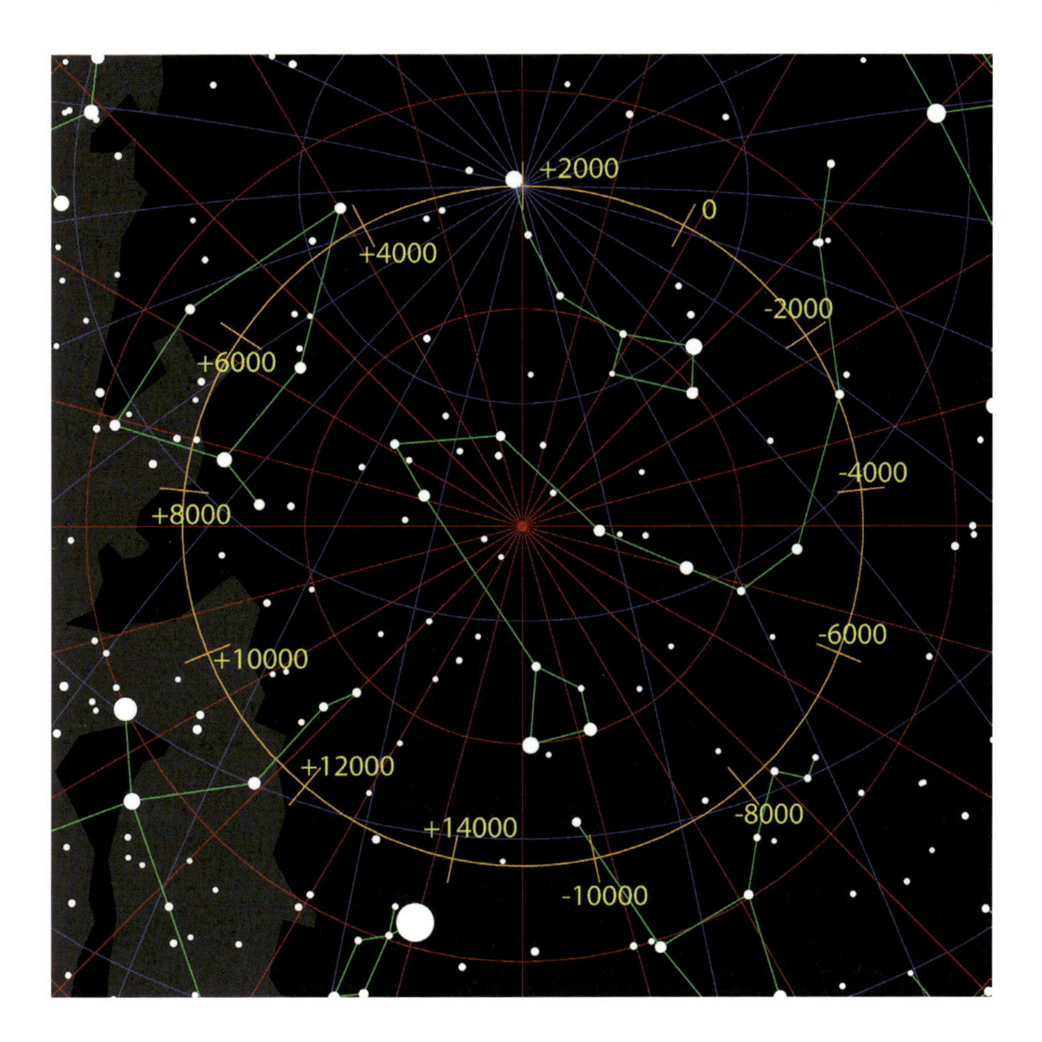

Die Erdbahn

Die Bahn der Erde um die Sonne ist nicht exakt kreisförmig sondern eine Ellipse. Dies hat schon Johannes Kepler (1571-1630) erkannt, und das erste von seinen drei Gesetzen der Planetenbewegung besagt:

Planetenbahnen sind Ellipsen, in deren einem Brennpunkt sich die Sonne befindet. Oft wird gerätselt, was sich eigentlich im zweiten Brennpunkt der Planetenellipsen befindet. Die Antwort lautet einfach: Nichts.

Die Daten für die Bahnellipse der Erde um die Sonne lauten:

Aphel (sonnenfernster Punkt, größte Entfernung zur Sonne):
152 100 000 km

Perihel (sonnennächster Punkt): 149 598 000 km

Die Exzentrizität der Erdbahn beträgt 0,017. Die Exzentrizität gibt an wie stark abgeplattet die Ellipse ist. Ein Kreis hat e=0. Kennt man die große Bahnhalbachse der Ellipse, dann folgt für den Abstand c des Brennpunktes vom Mittelpunkt der Ellipse: c=a e

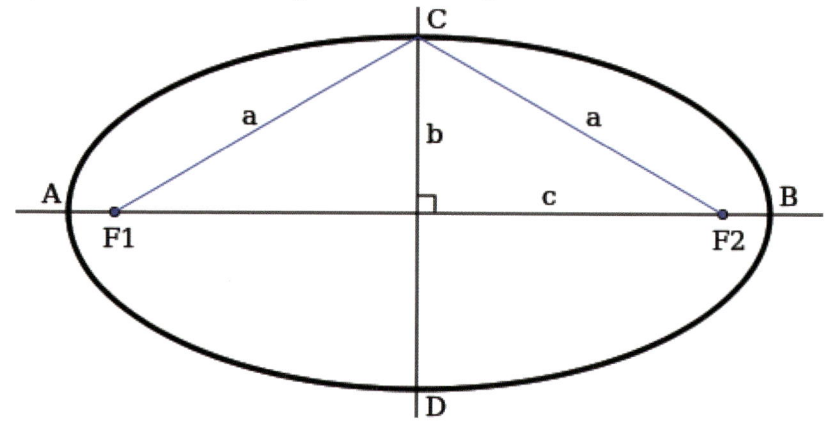

Eine Ellipse mit den beiden Brennpunkten F1 und F2. „a" ist die große Bahnhalbachse. Bei Erde Erdbahn um die Sonne fallen die beiden Brennpunkte F1 und F2 fast zusammen, die Erdbahn besitzt also eine geringe Exzentrizität.

Johannes Kepler erkannte wie sich die Planeten um die Sonne bewegen.

Zu einem Umlauf um die Sonne benötigt die Erde genau

365,24219052 Tage = 365 Tage, 5 Stunden, 48 Minuten, 45,261 Sekunden oder 31.556.925,261 Sekunden

Dies nennt man auch tropisches Jahr. Es bestimmt die Jahreszeiten. Wir merken hier an, dass dies nicht konstant ist, sondern sich infolge der Störungen der Erdbahn durch die anderen Planeten ändert:

2000 → 2001	$365^d\ 5^h\ 55^m\ 28^s$
2001 → 2002	$365^d\ 5^h\ 45^m\ 26^s$
2002 → 2003	$365^d\ 5^h\ 43^m\ 37^s$
2003 → 2004	$365^d\ 5^h\ 48^m\ 52^s$
2004 → 2005	$365^d\ 5^h\ 44^m\ 47^s$
2005 → 2006	$365^d\ 5^h\ 52^m\ 10^s$
2006 → 2007	$365^d\ 5^h\ 41^m\ 51^s$

Die Tabelle zeigt die Länge des tropischen Jahres für verschiedene Jahre als Beispiel an.

Durch diese Störungen wird die ganze Angelegenhiet sehr kompliziert. Der Frühlingspunkt wandert. Der Zeitpunkt zwischen zwei Frühlinspunkt-Passagen (also unser Jahr) ist wegen der Wanderung des Frühlingspunktes kürzer als der Zeitraum zwischen zwei Perihel-Passagen. Die Erde läuft in Sonnennähe etwas schneller um die Sonne als in Sonnenferne.

Gegenwärtig befindet sich die Erde Anfang Jänner am sonnennächsten Punkt ihrer Bahn und Anfang Juli am sonnenfernsten Punkt. Für die Nordhalbkugel der Erde dauert daher das Sommerhalbjahr etwas länger als das Winterhalbjahr.

Die Zeitdauer zwischen zwei Durchgängen der Erde durch ihr Perihel wird als anomalistisches Jahr bezeichnet.

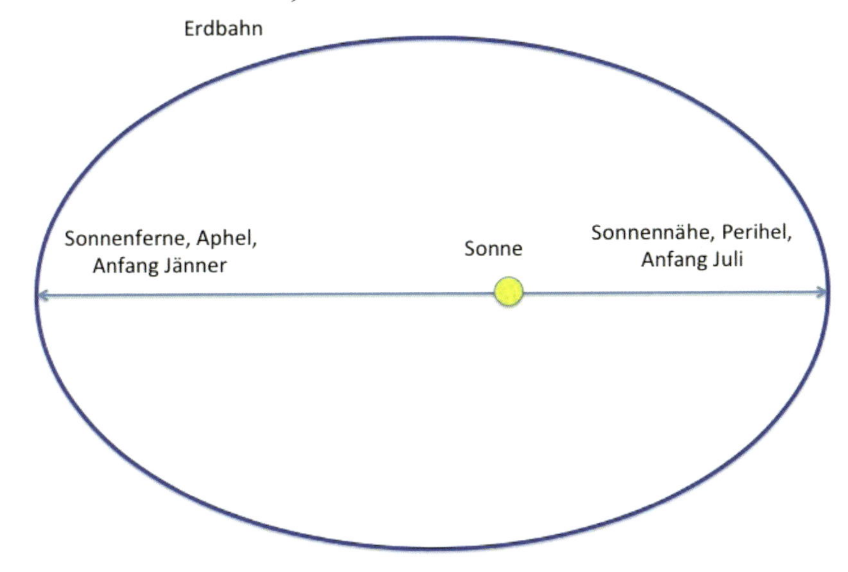

Die Erdbahn. Die Exzentrizität ist hier stark übertrieben gezeichnet.

Die Erde und die Eiszeiten

Das Klima der Erde ist nicht konstant. Wobei man aufpassen muss, der Begriff Klima wird oft falsch verwendet. Wenn es in einem Jahr oder über mehrere Jahre hinweg einen heißen Sommer oder sehr kalten Winter gibt, bedeutet das noch lange keine Klimaänderung. Klima bedeutet die Wetterverhältnisse über einen Zeitraum von mehreren Jahrzehnten hinweg gemittelt.

Wie gesagt das Erdklima war nie konstant. In der Frühzeit der Erde war es wesentlich wärmer als heute. Es gab z.B. überhaupt kein Eis, weder auf hohen Bergen noch an den Polen. Klima wird von vielen Faktoren beeinflusst:

- Einstrahlung von der Sonne. Wir wissen heute, dass die Sonne nicht konstant leuchtet, sondern es kurz- und langfristige Änderungen gibt, die aber klein sind und deren Auswirkung auf das Klima direkt kaum nachweisbar ist. Ändert sich die Sonnenleuchtkraft über mehrere Jahrzehnte, kommt es aber zu einer nachweisbaren Klimänderung auf der Erde. So beispielsweise zwischen 1645 und 1715, als die Sonne nur wenig aktiv war. Dies Phase verminderter Sonnenaktivität bezeichnet man als Maunder Minimum (nach dem Entdecker Maunder, 1851-1928). Das Maunder Minimum fällt mit dem Höhepunkt der sogenannten Kleinen Eiszeit zusammen. Während dieser Periode sind z.B. die Kanäle in den Niederlanden zugefroren was auf zahlreichen Gemälden aus dieser Zeit dargestellt wird.

Gemälde von Hendrick Avercamp, Eisvergnügen. Es zeigt das Wintervergnügen auf einem der zugefrorenen Eiskanäle der Niederlande um 1608.

- Es gab immer wieder Perioden verstärkter Abkühlung auf der Erde, die sogenannten Eiszeiten.
- Die Eiszeiten wurden vom serbischen Mathematiker Milutin Milankovic mit Änderungen der Erdbahn bzw. der Schiefe der Erdachse erklärt. Man kennt drei Perioden:
  - » Präzession der Rotationsachse der Erde,
    Periode etwa 26.000 Jahre
  - » Veränderung der Schiefe der Erdachse, Periode etwa 41.000 Jahre
  - » Änderung der Exzentrizität der Erdbahn, Periode etwa 100.000 Jahre.

Milutin Milankovic, 1879-1958

- Diese Änderungen werden durch den Einfluss der Planeten erzeugt. Wie wirkt sich die Präzession auf das Erdklima aus? Wir haben früher gesehen, dass gegenwärtig die sonnenächste Punkt der Erdbahn (Perihel) Anfang Januar erreicht wird. Deshalb sind die Winter auf der Nordhalbkugel der Erde etwas kürzer (da die Erde in Sonnennähe schneller um diese läuft) und milder (da wegen der etwas größeren Sonnennähe auch die Sonneneinstrahlung zunimmt. In etwa 11.000 Jahren ist jedoch das Perihel im Sommer erreicht. Dann werden die Jahreszeiten für die Nordhalbkugel der Erde stärker ausgeprägt sein: die Winter werden kälter (Erde in Sonnenferne), die Sommer werden heißer (Erde in Sonnennähe).
- Die Änderungen der Erdachse betragen zwischen etwa 22,1 und 24,5 Grad. Bei geringerer Erdachsenneigung fallen die Jahreszeiten weniger stark aus, bei größerer Neigung sind jahreszeitliche Effekte deutlicher. Bei geringerer Neigung ist die Verdunstung über dem Meer größer, im Winter können die Gletscher größere Schneemassen anhäufen. Im Sommer ist dann die Sonneneinstrahlung etwas geringer und die Ablation (Abtragen) der im Winter angehäuften Eisschichten geringer. Bei geringer Neigung der Erdachse wachsen also die Gletscher!

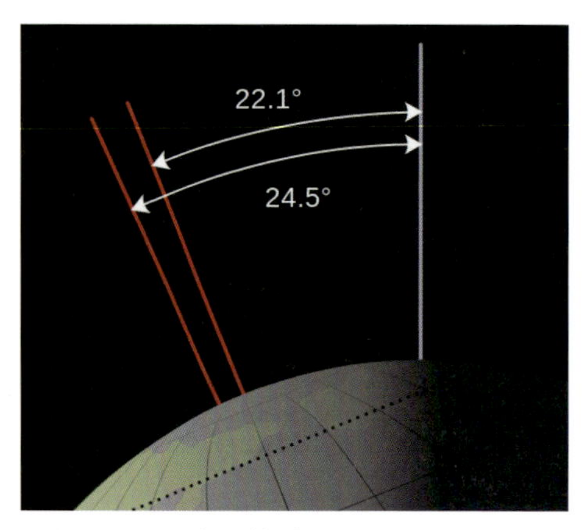

Die Unterschiedlichen Neigungen der Erdachse. Für die Erde sind die Schwankungen relativ gering, tragen jedoch zur Entstehung der Eiszeiten bei.

Die Exzentrizität der Erdbahn ändert sich von 0,005 (nahezukreisförmige Bahn) bis leicht elliptisch, das Maximum beträgt etwa 0,058. Die mittlere Exzentrizität liegt bei 0,028. Die Sonneneinstrahlung ändert sich natürlich: je höher der Wert der Exzentrizität, desto größer werden die Unterschiede der Entfernungen zwischen Sonnennähe und Sonnenferne der Erde.

Gegenwärtig: Die Sonnenentfernung im Jahresverlauf ändert sich um 3,4 %. Damit beträgt die Variation der Erdeinstrahlung etwa 6,9 %, die Exzentrizität beträgt 0,017.

Bei minimal exzentrischer Erdbahn ändert sich die Sonneneinstrahlung um etwa 2 %. Im Maximum beträgt die Änderung der Sonneinstrahlung jedoch 23 %.

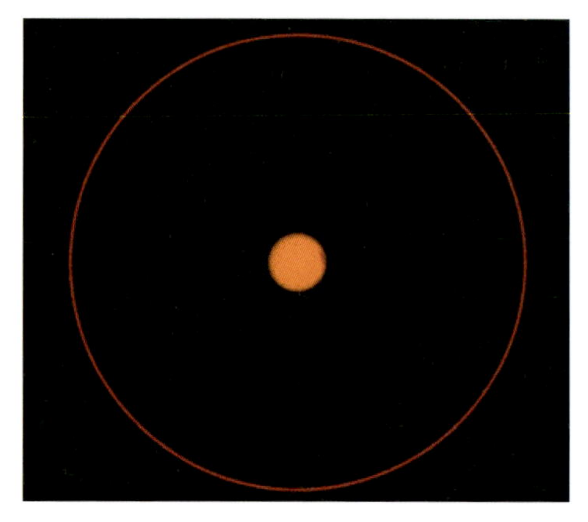

Erdbahn mit Exzentrizität e=0, also kreisförmig.

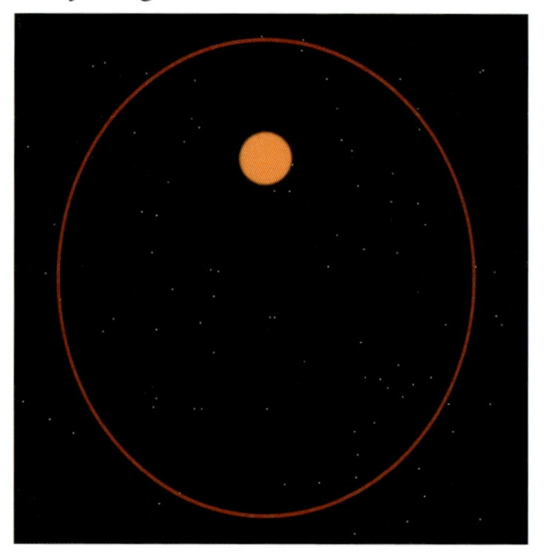

Erdbahn mit hoher Exzentrizität, hier wurde der Wert 0,5 angenommen, der natürlich nie erreicht wird. Aber man erkennt deutlich den großen Unterschied zwischen Sonnennnähe und Sonnenferne.

In Europa gab es mehrere Perioden von Eiszeiten, die letzten vier sind:

Die Weichsel-Würm Eiszeit dauerte von 115.000 bis etwa 10.000 v. Chr. Das Maximum der Eisschichten war um 20.000 v. Chr.

Die Saale-Riß Eiszeit dauerte von 300.000 bis 130.000 v. Chr.

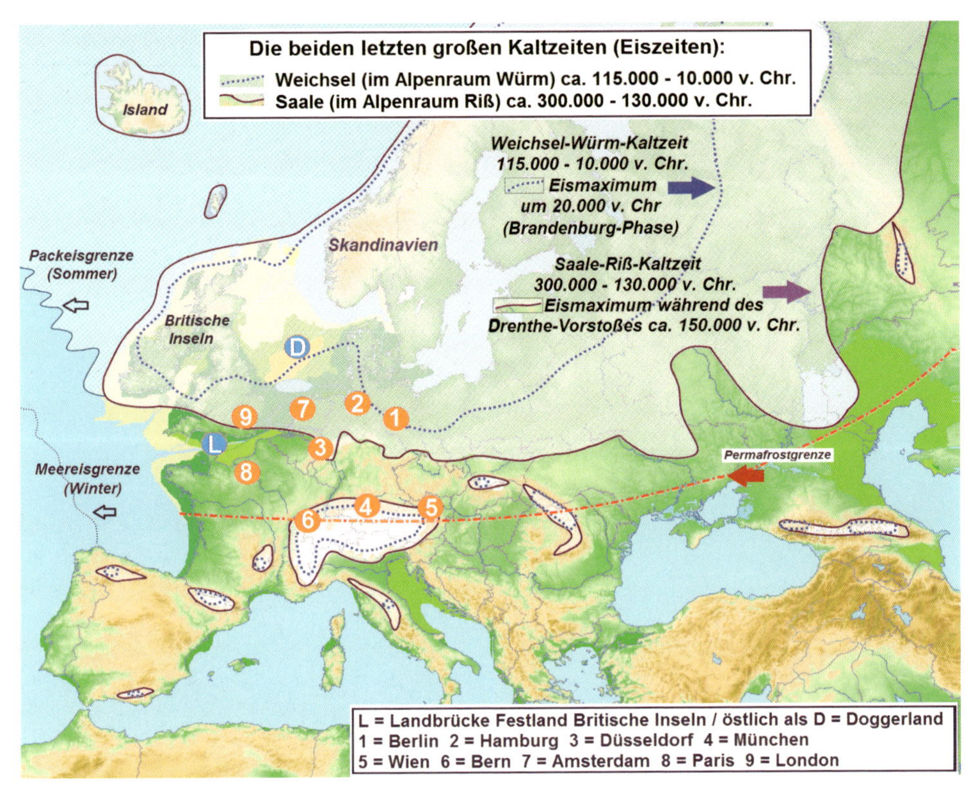

Die letzten beiden Eiszeiten in Europa. CC-VY SA3.0

Die Mindel Eiszeit dauerte von 460.000 bis 400.000 Jahre vor heute. Die Günz Eiszeit (heute werden diese vier Eiszeiten auch als Kaltzeiten bezeichnet) ereignet sich vor etwa 800.000 Jahren.

Das Erdklima wird also von vielen Faktoren beeinflusst die teils auch astronomische Ursachen haben. Andere Ursachen, die das Erdklima beeinflussen, sind die Verteilung der Kontinente. Heute haben wir die größten Landmassen auf der Nordhalbkugel der Erde. Die Verteilung der Kontinente auf der Erdoberfläche bestimmt auch die Meeresströmungen. Das uns in Europa bekannteste Beispiel ist der Golfstrom. In der Karibik erwärmtes Meer strömt in Richtung Nordeuropa und verursacht in Großbritannien und den skandinavischen Ländern mildere Winter und insgesamt ein milderes Klima in ganz Europa. Die Wassermassen, die hier bewegt werden, sind enorm: sie umfassen etwa die hundertfache Wassermenge aller Flüsse auf der Erde zusammengenommen. Wichtig für den Golfstrom sind auch Unterschiede im Salzgehalt der Meere.

Weltraumaufnahmen zeigen kleinste Temperaturunterschiede im Meer und man erkennt deutlich die warmen Wassermassen die sich von der Karibik Richtung Europa bewegen.

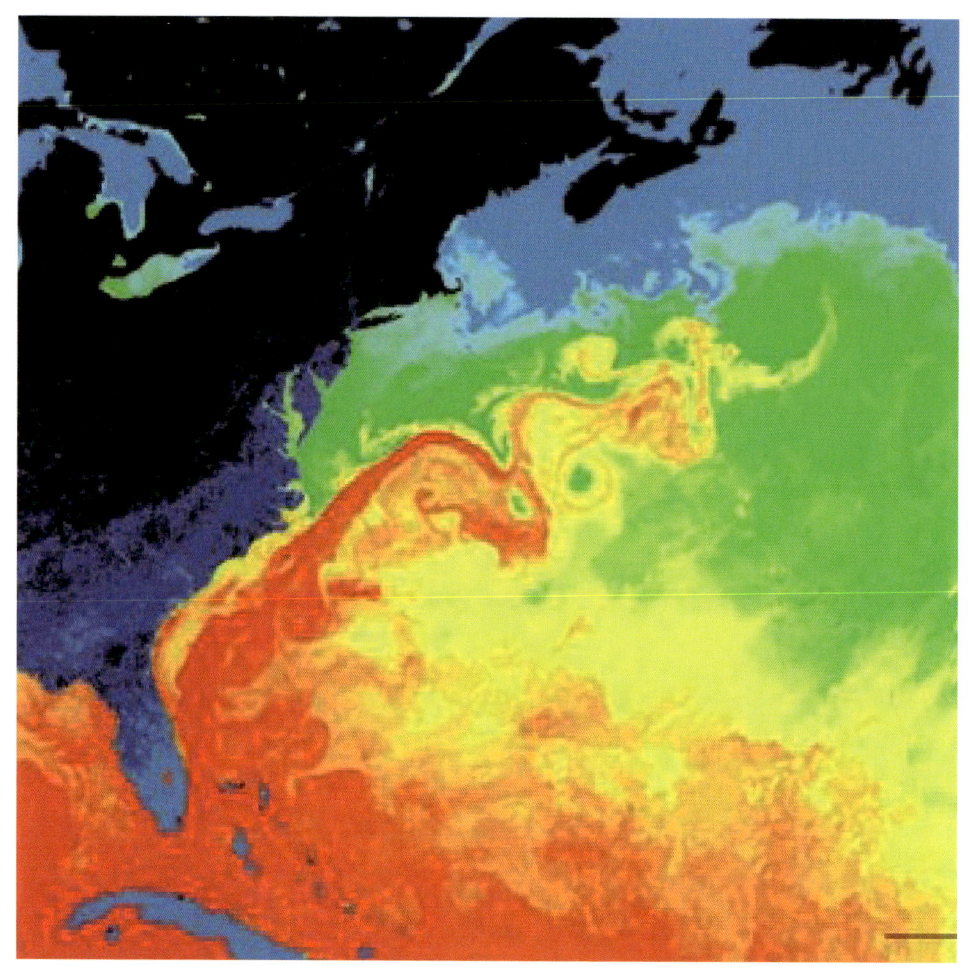

Der Golfstrom, die Farben bedeuten Temperaturunterschiede. NASA

Würde wegen der allgemeinen globalen Klimaerwärmung die Arktis abschmelzen bzw. das Grönlandeis, dann ändert sich dadurch der Salzgehalt des Meeres und der Golfstrom kommt zum Erliegen was katastrophale Folgen für das Klima Nordeuropas hätte.

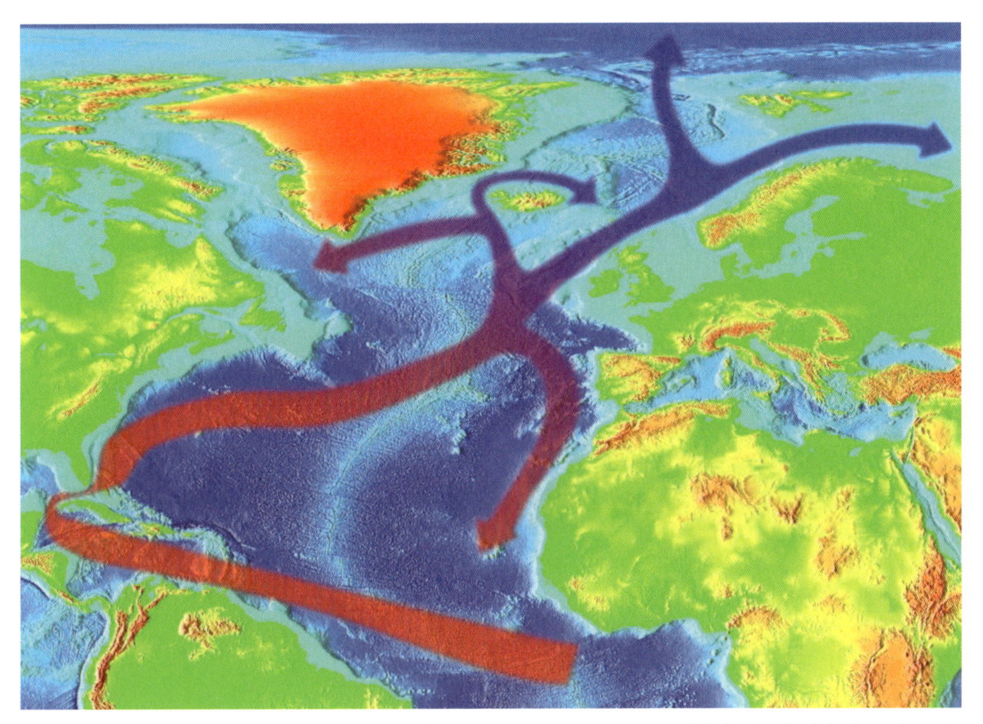

Die Meeresströmungen. Man sieht, dass warmes Wasser nördlich der britischen Inseln Richtung Norwegen gelangt. Die Strömungen westlich der britischen Inseln bezeichnet man auch als Nordatlantikstrom.

Das Erdklima der Vergangenheit war wie gesagt variabel und meist war es auf der Erde wesentlich wärmer als heute.

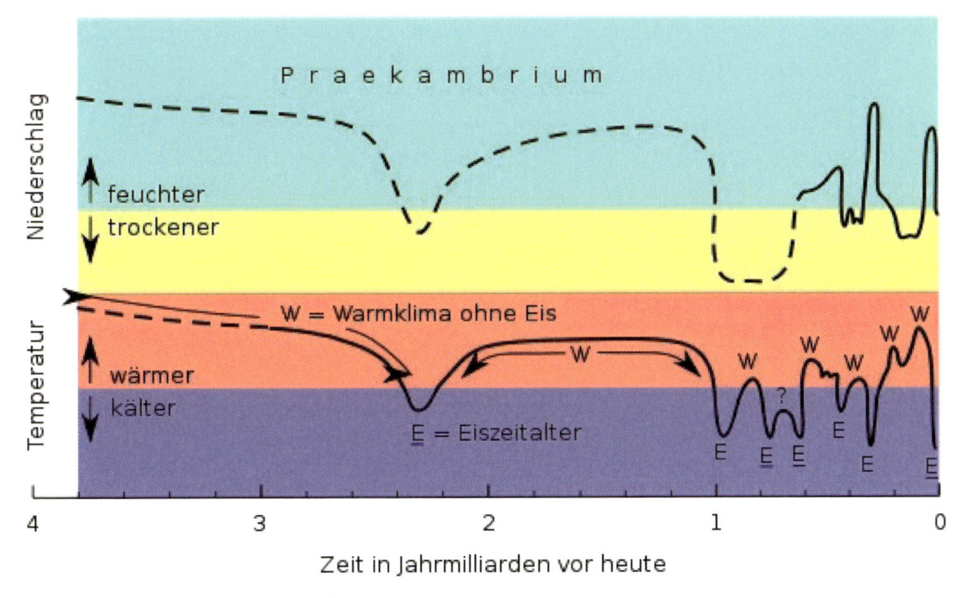

Erdklima in der Vergangenheit, meist war es wärmer.

Der Aufbau der Erde

Unsere Erde besitzt einen schalenartigen Aufbau. Dies kann man durch die Auswertung von Erdbebenwellen herausfinden. Die Wellen breiten sich im Erdinneren aus, treten an verschiedenen Stellen an die Oberfläche und werden von Seismographen, die weltweit verteilt liegen, registirert. Die Ausbreitung der Erdbebenwellen hängt ab von Temperatur, Druck, Zusammensetzung und Dichte im Erdinneren.

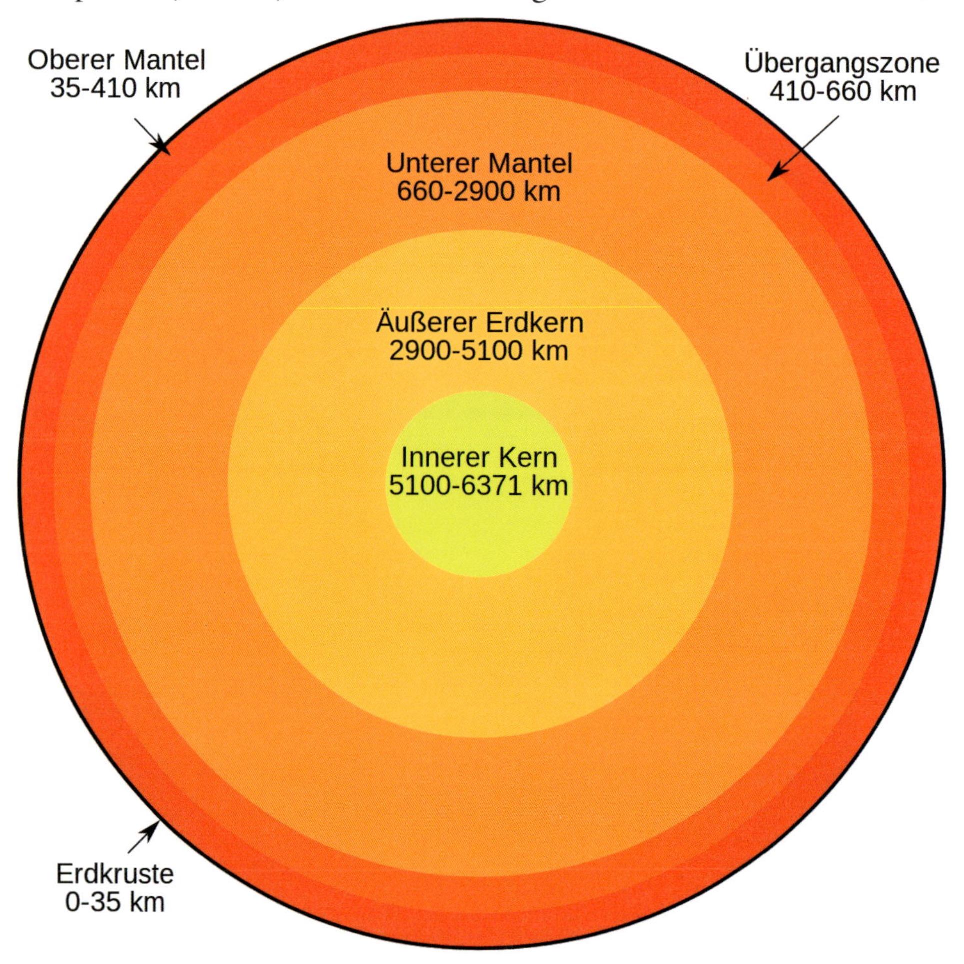

Skizze: Aufbau der Erde . Die Erdkruste ist relativ dünn und deren Dicke beträgt maximal 60 km (unterhalb von Kontinenten).

Der Erdkern besteht aus einem festen inneren Kern, der bis etwa 5100 km unterhalb der Erdoberfläche reicht. Die Temperatur liegt bei 6000 °C (etwa so heiß wie auf der Oberfläche der Sonne!). An den inneren Kern schließt sich der äußere Erdkern an, der flüssig ist und bis etwa 2900 km Tiefe unterhalb der Erdoberfläche reicht. Die Temperatur nimmt nach außen hin ab von etwa 5000 bis 3000 Grad.

Er besteht aus einer Schmelze der beiden Metalle Nickel und Eisen, enthält aber auch Spuren von Schwefel und Sauerstoff. Durch die Rotation der Erde entstehen hier Ströme und erzeugen das Magnetfeld der Erde. Der Erdkern macht etwa 1/3 der Erdmasse aus, die Dichte beträgt im Mittel 10 g/cm^3. An den Erdkern schließt sich der Erdmantel an, dessen Masse etwa 2/3 der Erdmasse beträgt. Zum oberen Mantel gehört die sogenannte Asthenosphäre. Das Wort asthenos stammt aus dem Griechischen und bedeutet weich. Dieser Teil ist also weich und auf ihm schwimmen die Kontinente. Weiters findet eine Konvektion statt. Heißeres Material steigt nach oben auf, kühlt ab und sinkt wieder nach unten. Man spricht von einer Mantelkonvektion. Diese Konvektion erklärt die Tektonik, die Bewegung der Kontinentalplatten und führt zu Erdbeben. Die Erdkruste ist die oberste Schicht. Die Kruste unterhalb der Ozeane ist nur zwischen 5 und 10 km dick, also relativ dünn. Die Kruste unter den Kontinenten ist zwischen 30 und 60 km dick.

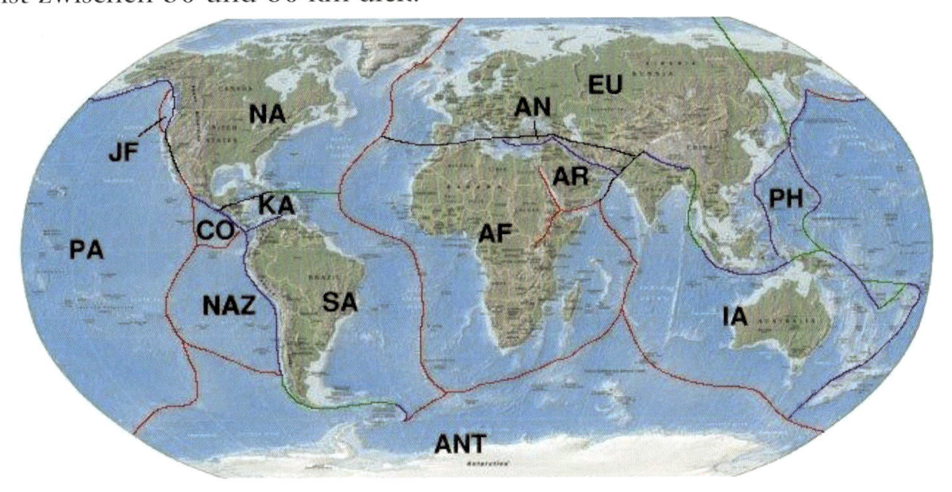

Weltkarte mit skizzenhaft eingezeichneten Erdplatten.

Rot: divergierende Plattengrenzen
Blau: konvergierende Plattengrenzen
Schwarz: Transformstörung
Grün: Verlauf der Grenze unsicher

Abkürzungen:

AN: anatolische Platte
ANT: antarktische Platte
AF: afrikanische Platte
AR: arabische Platte
CO: Cocos Platte
EU: eurasische Platte
IA: indisch-australische Platte
JF: Juan de Fuca Platte
KA: Karibische Platte
NA: nordamerikanische Platte
NAZ: Nazca Platte
PA: pazifische Platte
PH: philippinische Platte
SA: südamerikanische Platte

Mit Hilfe von Satelliten (GPS) lassen sich Verschiebungen weltweit messen (Tektonik). Ein Beispiel für gemessene Verschiebungen in Mitteleuropa ist in der Abbildung gezeigt.

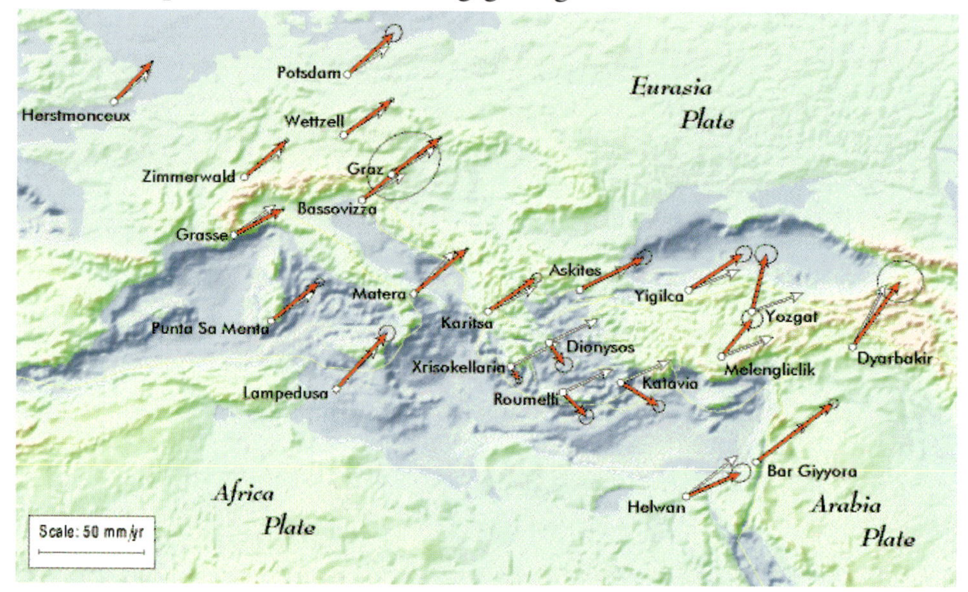

Gemessene Verschiebungen in Mitteleuropa, NASA. Die Skala (links unten) beträgt 50 mm pro Jahr.

Die Atmosphäre der Erde

Die Atmosphäre der Erde ist die Lufthülle, die uns vor kurzwelliger Sonneneinstrahlung schützt. Ohne die Erdatmosphäre würde lebensfeindliche kurzwellige UV- und Röntgenstrahlung auf die Erdoberfläche dringen und Leben zerstören. Die Atmosphäre besteht gegenwärtig aus folgenden Bestandteilen:

78 Volumsprozent Stickstoff, 21 Volumsprozent Sauerstoff, 0,9 Volumsprozent Argon (ein Edelgas). Der Kohlendioxidanteil beträgt derzeit etwa 0,04 %. Der Gehalt an Wasserdampf ist für das Wetter wesentlich und schwankt zwischen 0 und 4 Volumsprozent.

Die Zusammensetzung der Erdatmosphäre ist bis in eine Höhe von etwa 90 km konstant, darüber jedoch nicht mehr. Leichtere Gase wie Wasserstoff findet man in wesentlich größeren Höhen als schwerere Gase, wie etwa Sauerstoff. In den hohen Schichten der Atmosphäre werden die Moleküle dissoziiert und ionisiert. Durch die energiereiche Strahlung der Sonne werden Moleküle aufgespalten und Atome ionisiert, d.h. sie verlieren eines oder mehrere Elektronen.

Die Gesamtmasse der Erdatmosphäre ist im Vergleich zur Masse der Erde gering; sie beträgt nur etwa ein Millionstel der Erdmasse.

Häufig unterteilt man die Erdatmosphäre in folgende Schichten:

Troposphäre: das ist die unterste Schicht, sie reicht vom Erdboden bis in etwa 7 km Höhe (Polargebiete) bzw. 17 km Höhe (Äquatorregionen). In ihr spielt sich unser Wettergeschehen ab. Über dem Erdboden erwärmte Luft steigt nach oben, kühlt sich ab, bildet Wolken usw. Diesen Vorgang auf- und absteigender Luftmassen nennt man auch Konvektion. Die Temperatur nimmt in der Troposphäre nach oben hin ab und zwar um etwa 7 Grad pro 1000 Meter. Fährt man also vom heißen Sandstrand in Teneriffa auf das etwa 3000 m hohe Bassin des Teide-Vulkans muss man berücksichtigen, dass es dort um 21 Grad kälter ist.

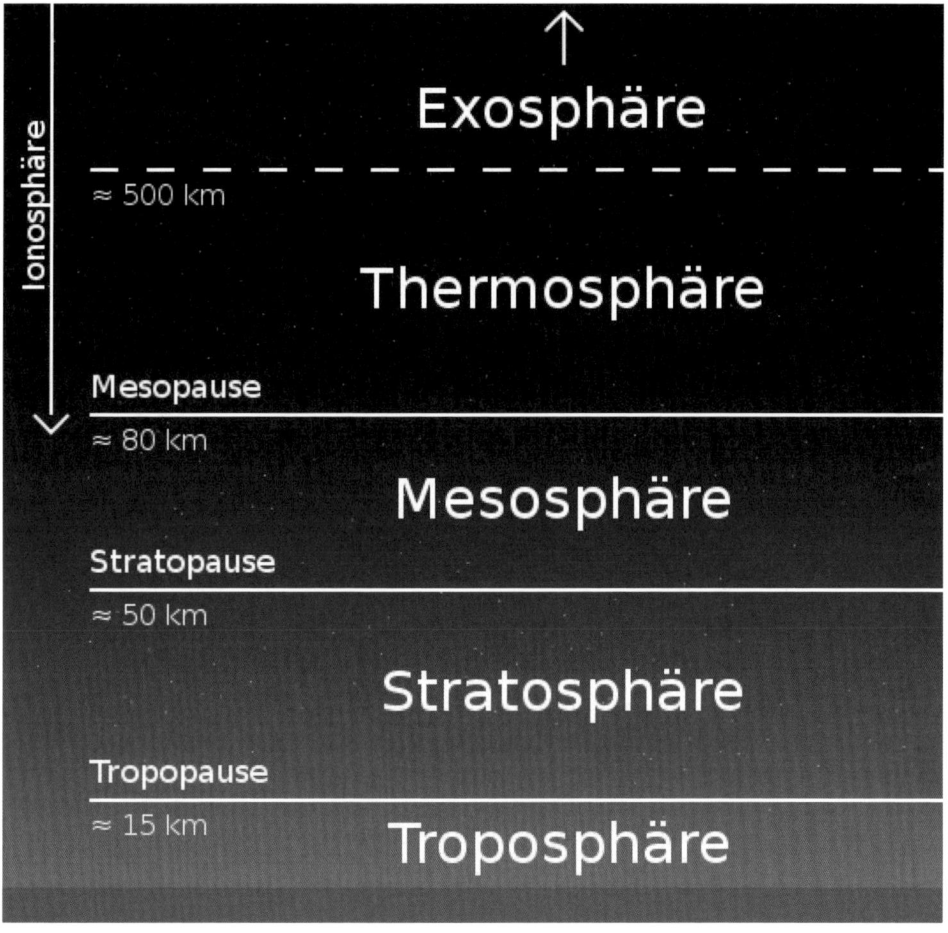

Die verschiedenen Schichten der Erdatmosphäre. CC-BY SA3.0

Oberhalb der Troposphäre schließt die Stratosphäre an, die auch die Ozonschicht enthält. Diese Schicht ist verantwortlich dafür dass nur ein winziger Bruchteil der schädlichen UV-Strahlung der Sonne auf die Erdoberfläche dringt. Ohne Ozonschicht wär kein Leben auf der

Erdoberfläche denkbar. Die Stratosphäre reicht bis in etwa 50 km Höhe. Hier gibt es nur mehr horizontale Windströmungen, also keine auf- und abwärtsströmenden Konvektionsbewegungen. Die Temperatur nimmt in der Stratosphäre wegen der Absorption der UV-Strahlung zu.

In der darüber liegenden Mesosphäre nimmt die Temperatur wieder ab. Am oberen Rand der Mesosphäre, der Mesopause, ist es am kältesten. Die Mesopause befindet sich in 80 bis 85 km Höhe.

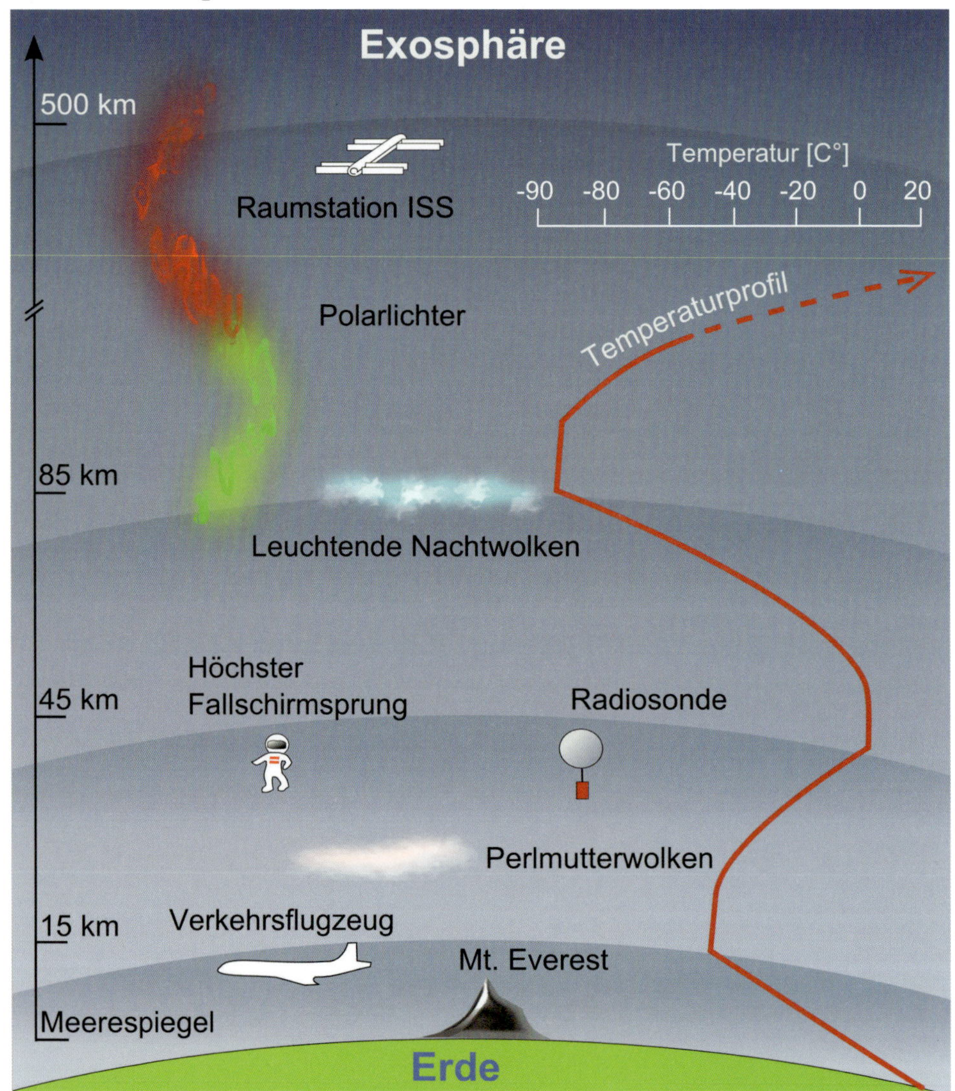

Erdatmosphäre mit Temperaturverlauf. FU-Berlin

Oberhalb der Mesosphäre beginnt dann die Ionosphäre. Hier sind die Gase wegen der UV- und Röntgenstrahlung der Sonne ionisiert, allerdings ist die Gasdichte sehr gering. Wo hört die Erdatmosphäre auf?

Die Grenze (Exosphäre) liegt bei etwa 600 km Höhe. Was bedeutet Exosphäre? Wie wir wissen, bewegen sich die Gasteilchen. Die Bewegungen sind umso schneller, je höher die Temperatur; in der Theorie der Gase ist die mittlere Geschwindigkeit der Gasteilchen das Maß für die Temperatur. Die Gasteilchen besitzen auch eine mittlere freie Weglänge. Dies ist der Weg, den ein einzelnes Gasteilchen zurücklegen kann, ehe es mit einem anderen zusammenstößt. Es ist klar, dass diese mittlere freie Weglänge abhängt von der Dichte und der Temperatur der Gasteilchen. Je geringer die Dichte, desto geringer die Wahrscheinlichkeit eines Zusammenstoßes. In der Exosphäre sind die Temperaturen so hoch bzw. die mittlere freie Weglänge so hoch, dass die Teilchen in den Weltraum entweichen.

Wichtig für die Oberflächentemperatur der Erde ist der Treibhauseffekt. Durch den natürlichen Treibhauseffekt auf Grund der sich in der Erdatmosphäre befindlichen natürlichen Treibhausgase ist die Oberflächentemperatur um etwa 30 °C wärmer als sonst:

Globale Temperatur an der Erdoberfläche: etwa 14 °C

Globale Temperatur an der Erdoberfläche ohne natürlichen Treibhauseffekt: -15 °C

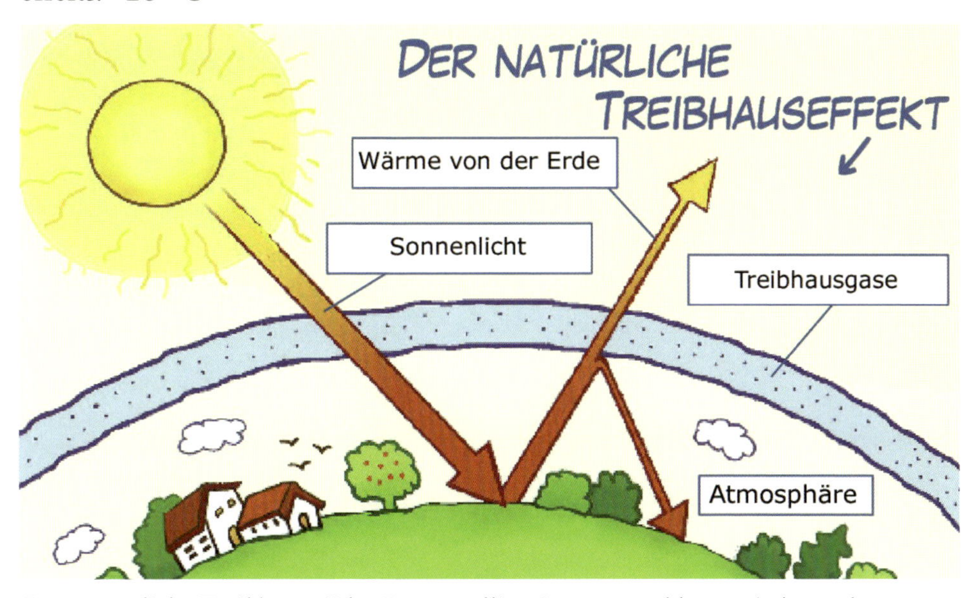

Der natürliche Treibhauseffekt. Langewellige Sonnenstrahlung wird von den natürlichen Treibhausgasen zurück reflektiert und erwärmt dadurch zusätzlich die Erdoberfläche. Bildquelle//http://www.bmub.bund.de/fileadmin/Daten_BMU/Pools/Bildungsmaterialien/gs_klima_schueler.pdf

Wenn wir zur Energieerzeugung Kohle, Erdöl oder Erdgas verbrennen entsteht dadurch Kohlendioxid; der Gehalt an diesem Treibhausgas in der Erdatmosphäre steigt an, es kommt zu einer Verstärkung des Effekts und die Temperatur der Erde nimmt zu.

Weshalb hat unsere Erde eine Atmosphäre? In der Frühzeit der Erde vor mehr als vier Milliarden Jahren bestand die Atmosphäre wahrscheinlich hauptsächlich aus Wasserstoff und Helium. Dies sind die beiden leichtesten Elemente im Universum. Die Anziehungskraft der Erde (diese ist durch ihre Masse gegeben) reichte jedoch nicht aus, um diese Gase dauerhaft in der Atmosphäre zu halten. Die Gase entwichen in den Weltraum. Unsere Erde hat also ihre Uratmosphäre verloren. Aber durch Vulkanismus sind weitere Gase entwichen. Darunter Wasserdampf, Kohlendioxid, Schwefelwasserstoff.

Die frühe Erdatmosphäre enthielt große Mengen an Wasserdampf, der übrigens auch ein wichtiges Treibhausgas ist. Langsam kühlte die Temperatur der Erde und deren Atmosphäre ab, es begann ein Dauerregen. Es entstanden die Ozeane und in ihnen wurden große Mengen des Kohlendioxids gelöst. Wasserstoff und Helium entwichen in den Weltraum. Vor etwa 3,5 Milliarden Jahren traten dann Cyanobakterien auf, die ihre zum Leben notwendige Energie durch Photosynthese erzeugten. In der frühen Erdatmosphäre gab es noch keinen freien Sauerstoff, aber vor etwa einer Milliarde Jahre betrug der Sauerstoffgehalt in der Atmosphäre schon 3 %. In den nächsten paar hundert Millionen Jahren bildete sich dann die schützende Ozonschicht.

Das Ozon-Molekül besteht aus drei Sauerstoffatomen und wird folgendermaßen gebildet: UV-Licht der Sonne spaltet ein Sauerstoffmolekül O_2 auf. Dieses ist ein sogenanntes freies Radikal und reagiert vereinfacht mit einem anderen Sauerstoffmolekül O_2 und insgesamt lautet die Reaktion zur Bildung des Ozons:

$3O_2 \rightarrow 2O_3$, wobei O_3 das Ozonmolekül ist.

Die Hauptzone der Ozonschicht liegt zwischen 20 und 30 km Höhe. Die Ozonschicht war durch Treibgase in Haarsprays etc. in großer Gefahr (Fluorkohlenwasserstoff). Diese Gase steigen in die Atmosphäre bis zur Ozonschichte auf und zerstören das Ozon. Durch die komplizierten Strömungsverhältnisse in der Erdatmosphäre wurde zuerst über der Antarktis das Ozonloch beobachtet, eine Zone mit deutlich geringerem Ozongehalt. Nach dem Verbot der Fluorkohlenwasserstoffe (FCKWs) hat sich die Situation allerdings deutlich gebessert. Man misst die Ozon Konzentration in Dobson-Einheiten:

Eine Ozon-Schicht mit einer Dicke von einem Millimeter (!) entspricht 100 DU (Dobson Units).

Typische Werte: in höheren geographischen Breiten im Sommer etwa 500 DU.

Zur Zeit des antarktischen Frühjahre deutlich unter 200 DU (Ozonloch)

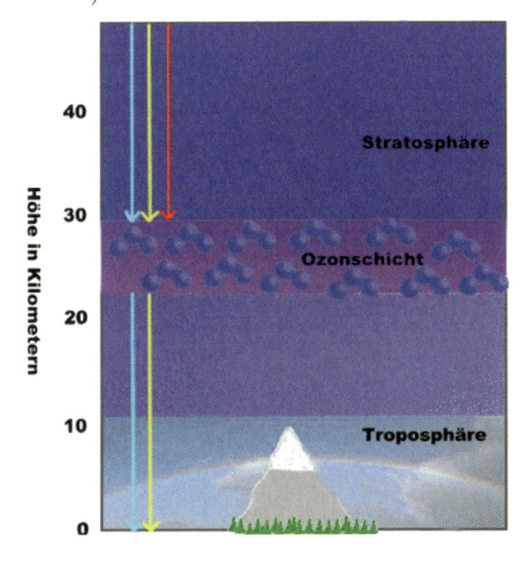

Erst durch die Photosynthese (bei der aus Wasser und Kohlendioxid Zucker und freier Sauerstoff entsteht) reicherte sich die Erdatmosphäre langsam mit Sauerstoff an.

Die Ozonschicht in der Erdatmosphäre. Ozon besteht aus 3 Sauerstoffatomen.

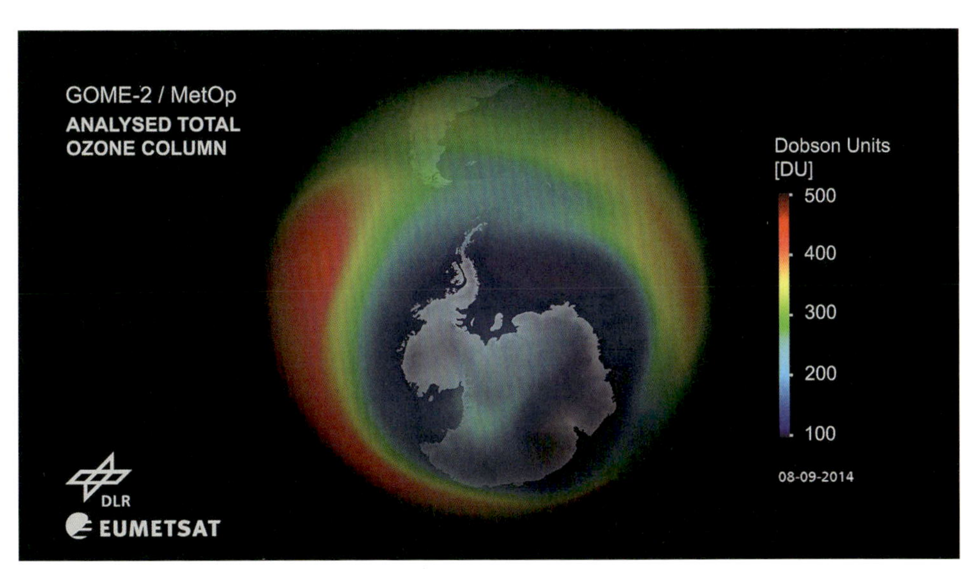

Ozonloch über der Antarktis. GOME-2 Satellit/Eumetsat.

Das Magnetfeld der Erde

Unsere Erde besitzt ein Magnetfeld. In erster Näherung ähnelt der Verlauf der magnetischen Feldlinien dem Feldlinienverlauf eines Stabmagneten mit einem Nord- und Südpol.

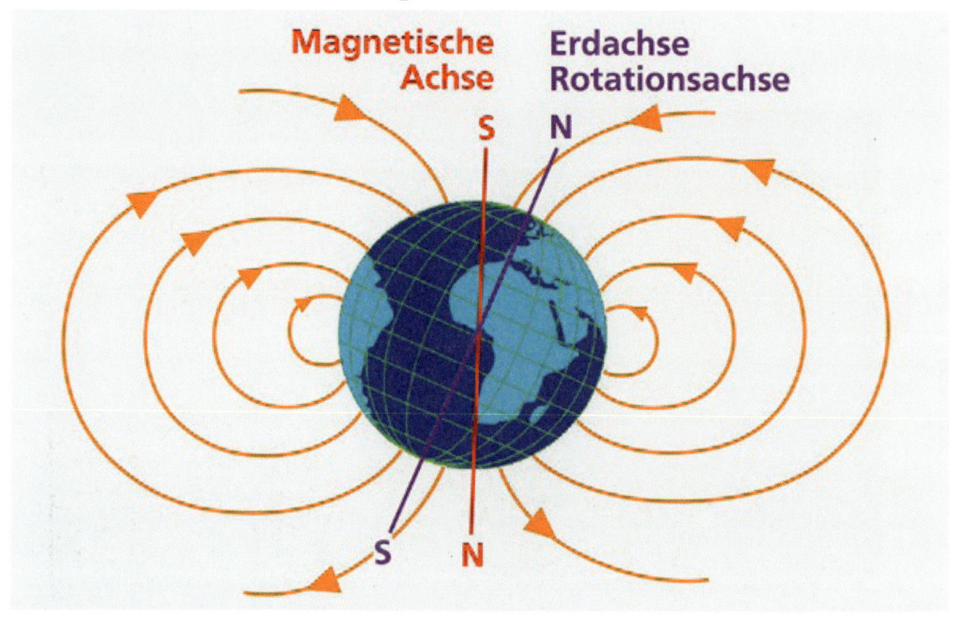

Magnetfeld der Erde, der magnetische Südpol befindet nahe dem geographischen Nordpol.

Allerdings liegt der magnetische Nordpol der Erde nahe dem geographischen Südpol und der magnetische Südpol nahe dem geographischen Nordpol und die magnetischen Pole sind nicht fest sondern wandern. Die Magnetfeldachse ist gegenüber der Rotationsachse der Erde geneigt.

Welche Bedeutung besitzt das Erdmagnetfeld für uns? Es dient als Schutz vor geladenen Teilchen die sowohl von der Sonne stammen (Sonnenwind) als auch vor der sogenannten kosmischen Strahlung. Geladene Teilchen (Elektronen, Ionen, Alpha-Teilchen – das sind doppelt positiv geladene Heliumkerne, Protonen) werden vom Magnetfeld der Erde größtenteils abgelenkt. Nur nahe den magnetischen Polen können sie eindringen und reagieren mit den Atomen der Erdatmosphäre, was dann zu den spektakulären Polarlichtern führt. Polarlichtlichter kann man nach sehr starken Sonnenausbrüchen sogar bis in geographische Breiten Mitteleuropas sehen.

Für viele Tiere (z.B. Vögel) scheint die Orientierung des Magnetfeldes wichtig zu sein bei deren Navigation über mehrere 1000 Kilometer.

Das Magnetfeld der Erde schützt uns vor geladenen Teilchen der Sonne.

Die Stärke des Magnetfeldes wird in Tesla angegeben, 1 Tesla = 10.000 Gauß (diese Einheit geht auf Carl Friedrich Gauß zurück, der die ersten genauen Messungen des Erdmagnetfeldes durchführte). An den Polen beträgt die Feldstärke etwa 0,7 Gauß, am Äquator nur 0,2 Gauß.

Der schon erwähnte Sonnenwind besteht aus geladenen Teilchen, die während starker Sonneneruptionen (Flares, CMEs) freigesetzt werden und auch zur Erde gelangen können. Sie stauchen das Magnetfeld auf der der Sonne zugewandten Seite der Erde zusammen. Auf der Nachtseite der Erde hat man dann einen langgezogenen Magnetschweif.

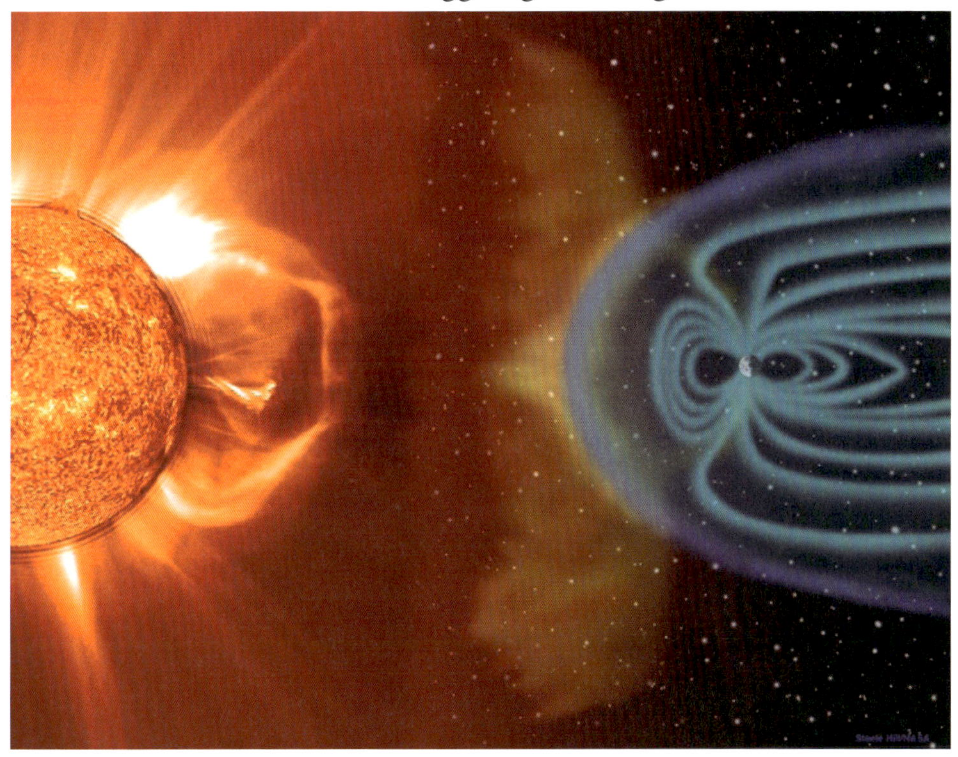

Das Magnetfeld der Erde (rechts) wird auf der der Sonne zugewandten Seite zusammengestaucht. Abstand Erde-Sonne sowie die Größen von Sonne und Erde sind nicht maßstabsgetreu.

Bei starken Sonnenwinden kommt es zu sogenannten geomagnetischen Stürmen. Der erste, der vermutete dass es einen Zusammenhang zwischen Vorgängen auf der Sonne und geomagnetischen Stürmen auf der Erde geben könnte, war Richard Carrington. Er beobachtete 1859 einen sogenannten Weißlichtflare auf der Sonne. In einer Sonnenfleckengruppe leuchtete plötzlich ein Gebiet für einige Minuten hell auf. Carrington holte sofort einen Assistenten, der die Beobachtungen bestätigen konnte. Um Mitternacht herum beobachtete Carrington dann, dass Magnetkompassnadeln stark zu zittern begannen. Eine Kompassnadel besteht aus einem Nord- und Südpol, ist also ein kleiner Stabmagnet.

Er richtet sich nach dem Erdmagnetfeld aus. Carrington vermutete, dass die Ereignisse auf der Sonne für das Zittern der Kompassnadeln verantwortlich waren und veröffentlichte seine Resultate. Die Einflüsse der Sonne auf die Erde und den erdnahen Weltraum nennt man solar terrestrische Beziehungen oder einfach das Weltraumwetter, space weather. Starke Sonnenausbrüche verursachen also starke Störungen im Erdmagnetfeld und diese können Überspannungen in Stromversorgungsleitungen auf der Erde hervorrufen. Ein Ereignis wie das von Carrington beobachtete, hätte heute katastrophale Folgen.

Geladene Teilchen werden auch in den sogenannten Van Allen Strahlungsgürteln um die Erde herum eingefangen. Um die 1970er Jahre fanden die ersten bemannten Mondlandungen statt und man war sich nicht sicher, wie groß die tatsächliche Strahlungsbelastung für Astronauten sein könnte beim Durchqueren dieser Strahlungsgürtel. Heute weiß man, dass die Belastung nicht allzu groß ist.

Eine Besonderheit des Erdmagnetfeldes sei noch erwähnt: die südatlantische Anomalie. Im Südatalantik gibt es einen Bereich, wo das Magnetfeld sehr schwach ist, die Strahlungsgürtel reichen hier wesentlich näher an die Erdatmosphäre heran. Elektronik und Passagiere in Flugzeugen sind einer erhöhten Strahlungsbelastung ausgesetzt.

Polarlichter aufgenommen von der Weltraumstation ISS. © NASA

Wenn Sie bei starker Sonnenaktivität einen Transatlantikflug unternehmen sind sie einer Strahlungsbelastung ausgesetzt, die etwa der eines Bruströntgens entspricht.

Der Mond

Bevor wir die weiteren Planeten besprechen, gehen wir auf unseren Erdmond ein. Die Erde besitzt einen relativ großen Mond. Zwar gibt es einige Monde im Sonnensystem, die größer sind als unser Mond, doch diese sind im Vergleich zu ihrem Planeten sehr klein.

Wissenswertes über den Mond

Der Mond umkreist die Erde, ein Umlauf dauert 29,5 Tage (Neumond-Neumond) und entspricht auch seiner Rotationsdauer um die eigene Achse. Dies nennt man gebundene Rotation. Da der Umlauf des Mondes um die Erde genauso lange dauert wie seine Rotation um die eigene Achse wendet uns der Mond stets dieselbe Seite zu, die Rückseite des Mondes hat man also erst mit den Mond umkreisenden Satelliten erkunden können. Die Rotationsachse des Mondes ist um 6,68 Grad geneigt.

Wie kommt es zu dieser gebundenen Rotation? Der Mond ist keine perfekte Kugel. Die Schwerkraft der Erde konnte daher dessen Oberfläche beeinflussen, infolgedessen bremst sich die Rotation ab. Genau genommen sehen wir aber etwas mehr als die Hälfte der Mondoberfläche, da sich der Mond ungleichförmig schnell bewegt. Diesen Effekt bezeichnet man auch als Libration, man kann etwa 59 % der Mondoberfläche von der Erde aus erkennen. Der Durchmesser des Mondes beträgt 3476 km, das ist etwa ¼ des Erddurchmessers, dennoch ist der Mond im vergleich zu seinem Mutterplaneten Erde relativ groß.

Größenvergleich Erde-Mond. Fotomontage.

Die mittlere Entfernung Erde -Mond beträgt 384.400 km. Die Bahn des Mondes um die Erde ist eine Ellipse: Die kleinste Entfernung Erde Mond (im Kalender liest man häufig „Mond in Erdnähe“) beträgt 363.300 km, die größte Entfernung Erde-Mond („Mond steht in Erdferne“), beträgt 404.500 km. Die Erdnähe bezeichnet man auch als Perigäum, die Erdferne als Apogäum. Die Mondbahn ist gegenüber der Erdbahn um 5,1 Grad geneigt, was zur Folge hat, dass nicht bei jedem Neumond eine totale Sonnenfinsternis oder bei jedem Vollmond eine totale Mondfinsternis eintritt. Die mittlere Bahngeschwindigkeit des Mondes um die Erde beträgt etwas mehr als 1 km/s. Steht der Mond der Erde näher, bewegt er sich schneller, steht er weiter weg von der Erde bewegt er sich langsamer. Die Masse des Mondes beträgt

$7{,}349 \times 10^{22}$kg, das ist etwa 1/81 der Erdmasse. Die mittlere Dichte beträgt 3341 kg/m^3. Die Entweichgeschwindigkeit ist infolge seiner geringeren Masse nur 2,38 km/s (etwa ¼ der Erde). Astronauten konnten sehr leicht über die Mondoberfläche hüpfen, da sie dort nur etwa 1/6 des Gewichtes auf der Erde wogen.

Eine Aufnahme die 1968 zu Weihnachten für große Begeisterung sorgte: die über dem Mond aufgehende Erde. NASA, Apollo 8.

In den Medien findet sich der Begriff Supermond. Von einem Supermond spricht man dann, wenn der Mond bei der Phase Vollmond in Erdnähe steht, er ist dann um etwa 14% größer als sonst, was aber mit dem Auge kaum wahrnehmbar ist. Dieser Änderung entspricht in etwa der Größendifferenz zwischen einer Ein-Euro und einer Zwei-Euro Münze. Die nächsten Supermondphasen sind an folgenden Tagen:

14.11.2016	14:52 Uhr (MEZ)	356.878 km Entfernung
3.12.2017	16:47	357.987
2.1.2018	03:24	356.604
19.2.2019	16:53	356.846
8.4.2020	03:35	357.035
26.5.2021	12:14	357.462
13.7.2022	19:37	357.344

Der englische Ausdruck blue moon bezeichnet ein Ereignis, das etwa alle 2 Jahre vorkommt: es ist zweimal innerhalb eines Kalendermonats Vollmond.

Woher kommt der Mond?

Für die Entstehung des Mondes gab es lange Zeit drei unterschiedliche Theorien:

- Erde und Mond sind gleichzeitig entstanden,
- der Mond war ein Teil der Erde ,
- der Mond ist ein von der Erde eingefangener Asteroid, ist also an anderer Stelle im Sonnensystem entstanden.

Heute wird folgende Theorie angenommen: In der Frühzeit der Erde , vor etwa 4,5 Milliarden Jahre ist diese mit einem etwa marsgroßen Planeten zusammengestoßen. Bei diesem (eher streifenden) Zusammenstoß wurde aus dem Material der Erde und des Planeten unser Mond gebildet. Die bei der Kollision entstandene Wolke aus Gesteinstrümmern kondensierte – wie Computersimulationen zeigen – innerhalb weniger Monate zum Mond. Für diese Theorie spricht die ähnliche Zusammensetzung der Gesteine an der Mondoberfläche und der Gesteine an der Erdoberfläche. Außerdem wurde durch die Kollision die Rotation der Erde abgebremst. Unseren Mond habe wir also eine kosmische Katastrophe zu verdanken, die sich vor etwa 4,5 Milliarden Jahren ereignete.

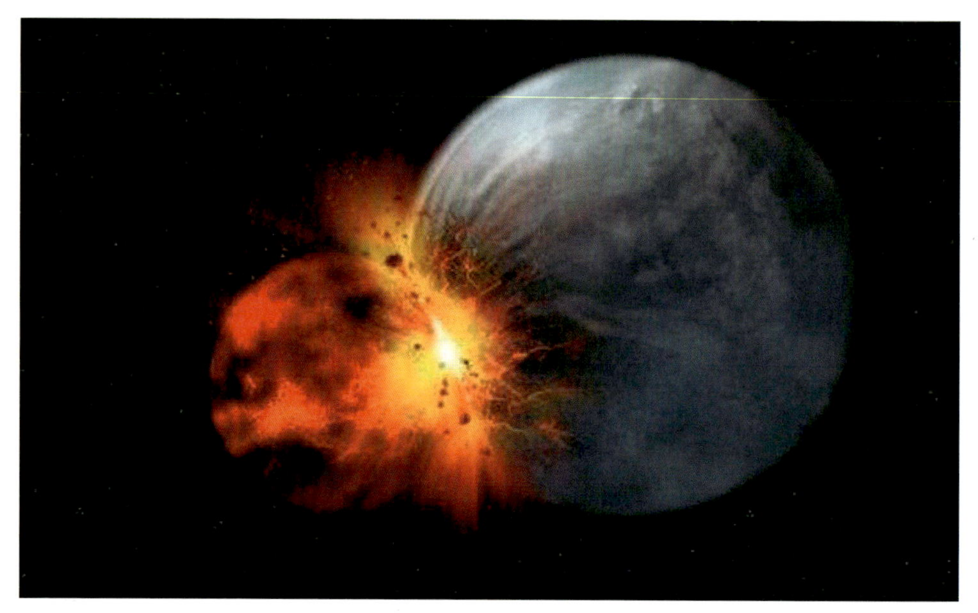

Entstehung des Mondes. ©Pravda TV

Die Oberfläche des Mondes

Haben Sie schon einmal das Mondgesicht gesehen bei Vollmond? Dann erkennt man auch mit bloßem Auge dunkle Flecken und viele Menschen können aus der Anordnung dieser Flecken ein lachendes Gesicht ausmachen. Der Mond hat schon immer unsere Phantasie angeregt und tut es auch heute noch. Man dachte sich vor etwas mehr als 150 Jahren noch, dass es auf dem Mond Leben geben könnte und deutete die mit bloßem Auge sichtbaren Flecken als Meere, weshalb sie auch heute noch als Mare, Mehrzahl Maria bezeichnet werden. Es gibt nette Namen wie Mare Imbrium, das Regenmeer, oder den Oceanus Procellarum, den Ozean der Stürme oder das Mare Nectaris, das Honigmeer. Heute wissen wir dass diese Meere Basaltebenen sind und daher dunkler erscheinen als die mit Kratern übersäten Hochländer (Terrae). Die Hochländer scheinen heller und man findet dort hauptsächlich Feldspate.

An den Rändern der Maria findet man sogenannte Gebirge, die nach irdischen Gebirgsketten benannt worden sind. Sie können also auf dem Mond in den Alpen oder im Kaukasus spazieren gehen. Doch eigentlich ist die Bezeichnung Gebirge für diese Formationen falsch. Die Gebirge auf der Erde entstanden durch Auffaltungen, auf dem Mond handelt es sich dabei immer nur um Auswurfmaterial das aus dem Einschlag stammt. Die Oberfläche des Mondes ist sehr alt. Es gibt auf dem Mond keine Verwitterung, da er keine Atmosphäre besitzt, also keinen Regen oder Wasser. Die Fußabdrücke, die Astronauten in der 1970er- Jahren zurückgelassen haben, werden auch nach Millionen Jahren sichtbar sein. Die Mondoberfläche ist daher sehr alt, 80% sind älter als vier Milliarden Jahre. Vor etwa 3,8 Milliarden Jahren wurden die großen Einschlagbecken des Mondes mit dünnflüssiger Lava überfüllt. Dieser Mare-Vulkanismus dauerte insgesamt etwa 1 Milliarde Jahre. Auf der Rückseite des Mondes gibt es keine großen Maria, da die Mondkruste mächtiger ist.

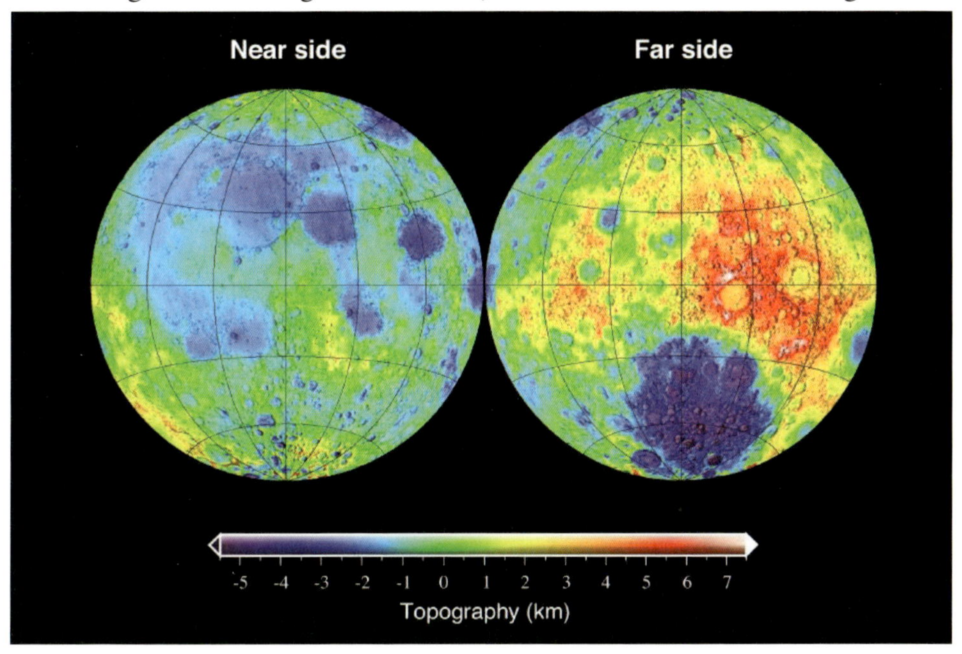

Zur Geologie des Mondes, Near side ist die Vorderseite des Mondes, die von der Erde aus sichtbar ist, far side ist die Rückseite des Mondes. Die Farben bedeuten unterschiedliche Höhen. Man sieht deutlich, dass die Rückseite des Monde höher liegt.

Die geologische Geschichte des Mondes unterteilt man in folgende Abschnitte:

- Nekatrinisches Zeitalter: zwischen 3,92 und 3,85 Milliarden Jahren; Einschlag (Impakt) der zur Bildung des Mare Nectaris führte.
- Imbrisches Zeitalter: zwischen 3,85 und 3,15 Milliarden Jahren. Auf der der Erde zugewandten Seite entstand das Mare Imbrium, auf der Rückseite das Mare Orientale.
- Eratosthenisches Zeitalter: 3,15 bis 1 Milliarde Jahre. Nur mehr wenige neue Krater werden gebildet.
- Kopernikanisches Zeitalter: begann vor etwa einer Milliarde Jahre. Dazu gehören alle jungen Krater wie Tycho, Kepler und der Kopernikus Krater. Viele dieser Krater besitzen ein auffälliges Strahlensystem (vor allem gut bei Vollmond zu sehen). Diese Strahlen bestehen aus Auswurfmaterial.

Die Mondoberfläche besteht aus einer bis zu 20 Meter dicken Schicht, auch als Regolith bezeichnet. Dieser Mondstaub besteht aus kleinen pulverisierten Trümmern, die bei den Einschlägen entstanden sind. Außerdem prallen auf die Mondoberfläche Mikrometeoriten auf. Es gibt also doch eine sehr langsame Verwitterung, auch durch die hohen Temperaturgegensätze.

Der Mond entfernt sich...

Der Abstand Erde - Mond vergrößert sich pro Jahr um etwa 3,8 cm. Dies wurde exakt bestimmt durch einen Laserreflektor, der von Apollo 11 Astronauten auf der Mondoberfläche positioniert wurde.

Dieser Reflektor wurde am 20. Juli 1969 aufgestellt. Inzwischen gibt es 5 Reflektoren. Man misst einfach sehr genau die Laufzeit eines Laserstrahls von der Erde zum Mond und bekommt damit die Entfernung.

Der erste auf dem Mond aufgestellte Laser Reflektor (Apollo 11, 20.7.1969).

Weshalb entfernt sich der Mond von der Erde?

Der Mond wirkt auf die Erde in Form der Gezeitenkraft. Die dem Mond zugewandten Wasser- und auch Landmassen der Erde werden angehoben, ebenso jene auf der Gegenseite der Erde. Der Erdkörper dreht sich quasi unter diesen Landmassen hinweg, und so kommt es zu einer langsamen aber stetigen Abbremsung der Erdrotation. In der Physik gilt jedoch das Gesetz der Erhaltung des Gesamtdrehimpulses. Wenn wir das System Erde-Mond betrachten dann tragen zum Gesamtdrehimpuls bei: Rotation der Erde, Rotation des Mondes, Bahndrehimpuls des Mondes infolge seiner Bewegung um die Erde. Der abnehmende Drehimpuls der Erde führt zu einer Zunahme des Bahndrehimpulses, deshalb entfernt sich der Mond von uns. Infolge dieser Gezeitenwirkung besitzt der Mond auch die schon erwähnte gebundene Rotation – wir sehen nur etwa die Hälfte der Mondoberfläche von der Erde aus.

Wie heiß ist es auf dem Mond?

Der Mond kann wegen seiner geringen Schwerkraft keine dauerhafte Atmosphäre halten, die austretenden Gase entweichen in den Weltraum. Eine Atmosphäre eines Himmelskörpers ist aber auch wichtig für den Temperaturausgleich. Steht die Sonne genau senkrecht über der Mondoberfläche misst man eine Temperatur von etwa 120 Grad, dort wo Nacht herrscht ist es allerdings sehr kalt, etwa -160 Grad. Die mittlere Temperatur der Mondoberfläche liegt bei etwa -55 Grad. Übrigens dürfte der Mond in seiner Frühzeit ein Magnetfeld besessen haben, was auf einen früher flüssigen Kern hindeutet. Die Masse des Mondes ist aber zu gering und so kam es im Laufe der Zeit zu einer Auskühlung, der Kern wurde fest, und es gibt kein Magnetfeld mehr.

Den Mond beobachten

Mit bloßem Auge erkennt man auf der Mondscheibe nur dunkle Flecken, welche die großen Mondmeere andeuten. Ein gutes Fernglas oder noch besser ein Teleskop (es genügt bereits ein kleines) zeigt jedoch wunderschön die Krater und Ringgebirge der Mondoberfläche. Dabei sollte man derartige Beobachtungen am besten um die Zeit des ersten oder letzten Viertels herum machen; auf keinen Fall bei Vollmond. Bei Vollmond sieht man nämlich kaum Krater auf Grund der Beleuchtungsverhältnisse.

Bei Vollmond erkennt man kaum Krater auf dem Mond, dafür jedoch die großen Mondmeere. Rechts oben das kleinste fast kreisförmige Meer ist das Mare Crisium, das man mit guten Augen noch freisichtig erkennen sollte. Es dient als Test für die Augen. Unterhalb der Mitte ist der Krater Tycho mit seinem Strahlensystem gut zu sehen. Das Regenmeer ist in dieser Aufnahme oben links (fast kreisförmig) zu finden.

Um die Zeit des ersten Viertels erkennt man deutlich das Mare Imbrium das Regenmeer mit den Gebirgsketten Alpen, Apennninen und Kaukasus. In den Alpen eingebettet sieht man den Krater Plato. Für die Nordhalbkugel der Erde steht der Mond besonders hoch über dem Horizont im Winter und tief im Sommer.

Zeigt der Mond eine dünne Sichel, so sieht man bei guten Bedingungen trotzdem die ganze Mondkugel in ein graues Licht eingetaucht, man nennt dies auch aschgraues Mondlicht. Hier wird der Mond durch das von der Erde reflektierte Sonnenlicht beleuchtet.

Um die Zeit des ersten oder letzten Viertels sieht man die Mondkrater besonders gut.

Mondsichel mit aschgrauem Mondlicht.

Am 25. Mai 1961 verkündete der US Präsident J.F. Kennedy dass noch vor Ende des Jahrzehntes Menschen auf dem Mond landen sollten und beauftragte die amerikanische Raumfahrtbehörde mit der Realisierung des Vorhabens.

US Präsident Kennedy bei seiner historischen Rede am 25. Mai 1961. Text der Rede: „I believe that this nation should commit itself to achieving the goal, before this decade is out, of landing a man on the Moon and returning him safely to the Earth. No single space project in this period will be more impressive to mankind, or more important in the long-range exploration of space; and none will be so difficult or expensive to accomplish."

Der Traum wurde Wirklichkeit und am 20. Juli 1969 spazierten die Astronauten Neil Armstrong und Edwin E. Aldrin als erste Menschen auf dem Mond. Es gab stets drei Astronauten in einer Apollo Mission. Einer blieb in einer Kapsel, die um den Mond flog, Command Service Module, CSM. Im Falle der Apollo 11 Mission, die erstmals Menschen auf den Mond brachte, befand sich Astronaut Michael Collins in dieser Kapsel.

Das Command service module. Vorne dockte die auf dem Mond gelandete und später zurückkehrende Mondlandefähre, LM, lunar module, an.

Für diese Mission musste eine neue Rakete, die Saturn-V-Rakete entworfen werden. Diese besteht aus drei Brennstufen und hat einen Durchmesser von 10 Metern und eine Länge von über 100 Metern. In der ersten Brennphase wurde RP-1/LOX verbrannt und der Schub betrug 33900 KN. Zum Vergleich: ein modernes Großflugzeug wie die Boeing 787 benötigt einen Schub von etwa 300 KN. Die Saturn V-Rakete erzeugt also den Schub von etwa 100 Boeing 787!

Diese erste Mondlandung endete mit der erfolgreichen Wasserung der Kapsel am 24. Juli 1969. In weiterer Folge fanden dann noch weitere 5 erfolgreiche bemannte Mondmissionen mit Landungen auf dem Mond statt. Apollo 13 musste knapp vor dem Ziel wegen eines technischen Defektes abbrechen. Die letzte Apollo Mission fand 1972 statt.

Um Menschen sicher auf den Mond zu bringen und wieder retour war ein noch nie dagewesener technischer Innovationsschub notwendig. Die Kosten betrugen etwa 20 Mrd. Dollar und etwa 400.00 Personen arbeiteten direkt an dem Programm.

Die Apollo 16 Mondlandefähre, Lunar Module. Mit dieser landeten die Astronauten auf der Mondoberfläche und kehrten dann auch wieder zurück zum CSM.

Eine Saturn -V-Rakete startet, an der Spitze erkennt man das CSM, sowie einen Rettungsturm für Astronauten.

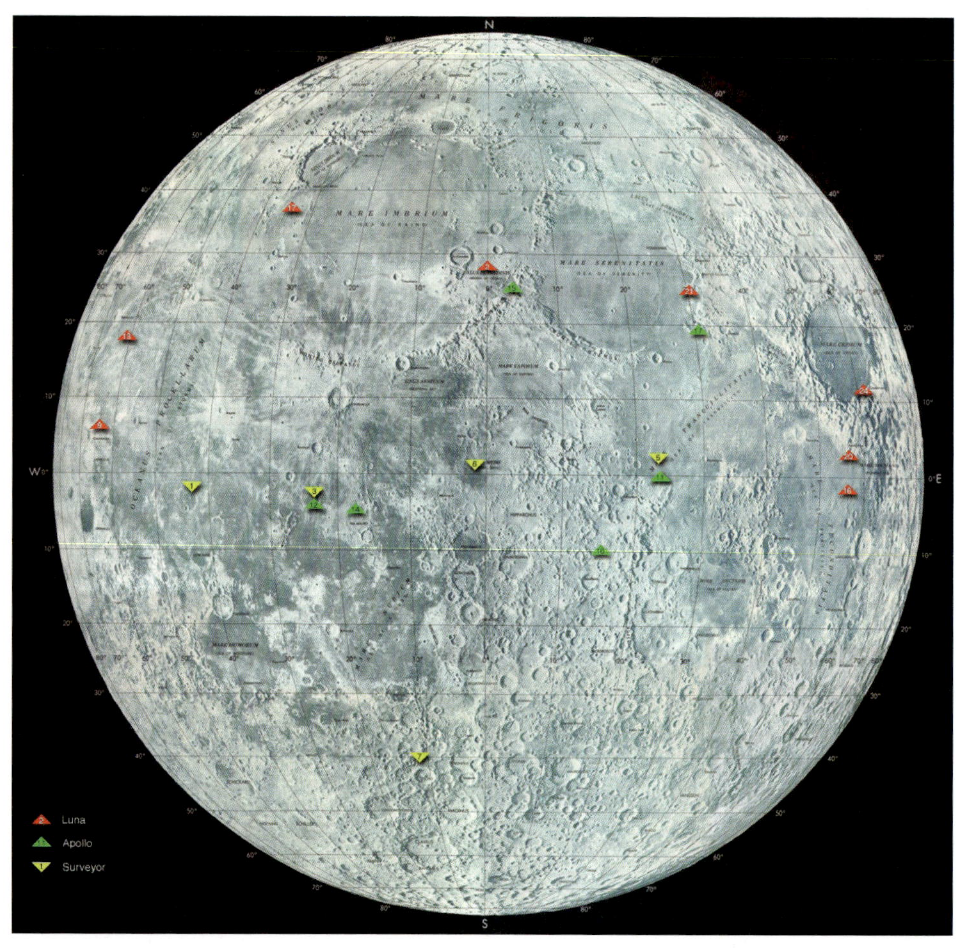

Mondkarte mit der eingezeichneten Landposition von Apollo (grün) und den russischen Luna Missionen (unbemannt, rot) sowie die US-Explorer Mission.

Merkur ein Planet mit Extremen

Allgemeine Daten

Merkur ist der kleinste und der sonnennächste Planet. Seine Bahn ist deutlich elliptisch, in Sonnennähe ist er 46 Mio. km von der Sonne entfernt, in Sonnenferne hingegen fast 70 Mio. km. Die große Bahnhalbachse beträgt 57,9 Mio. km oder 0,387 AE. Die Exzentrizität beträgt 0,2. Seine Bahn ist auch deutlich geneigt nämlich um 7 Grad gegenüber der Ekliptik.

Computerrechnungen haben ergeben, dass sich Merkurs Bahnexzentrizität chaotisch ändert von 0 bis auf 0,45. Damit ergibt sich innerhalb der nächsten Milliarden Jahre eine einprozentige Kollisionswahrscheinlichkeit Merkurs mit Venus.

Infolge der starken Gravitationskräfte der Sonne ist Merkur zu einer gebundenen Rotation gebracht worden: Eine Merkurrotation dauert exakt 2/3 der Zeit eines Sonnenumlaufs des Planeten (88 Tage).

Merkur ist wie gesagt der kleinste Planet und sein Radius beträgt nur 2439,7 km oder 0,38 Erdradien. Die Masse beträgt 0,055 Erdmassen, die mittlere Dichte liegt bei 5,4 g/cm^3.

Der innere Aufbau des Planeten ist von dem der Erde verschieden, Merkur verfügt über einen sehr massiven Kern, dessen Radius etwa 1880 km beträgt, gefolgt von einem etwa 600 km dicken Mantel und einer zwischen 100 und 300 dicken Kruste.

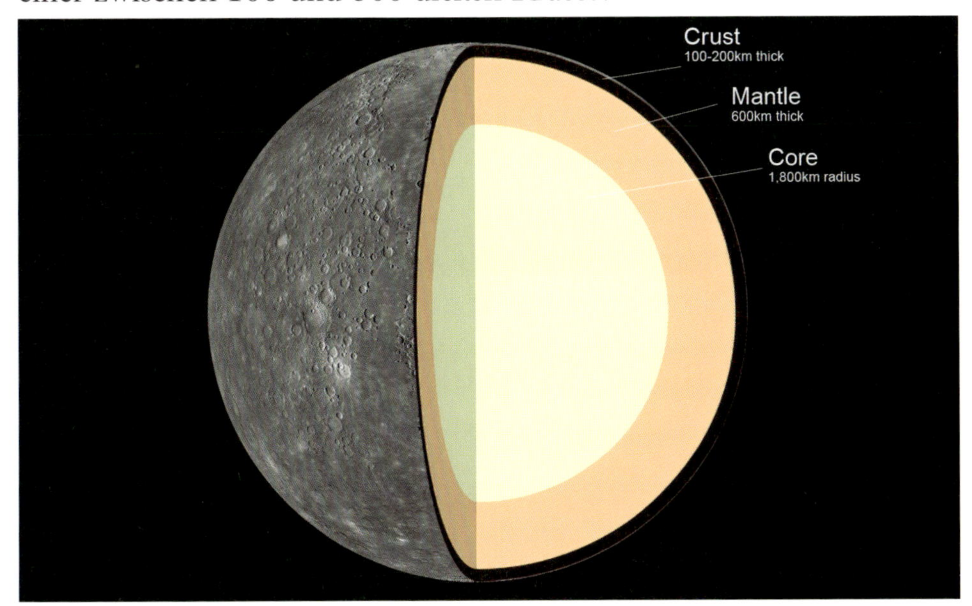

Innerer Aufbau des Merkur. © NASA.

Die Zusammensetzung ist einfach: 70% Metall, 30 % Silikate. Vereinfacht gesagt kann man sich Merkur als eine Metallkugel mit einer Felsenkruste bedeckt vorstellen.

Wasser auf Merkur?

Merkur ist ein Planet mit extremen Temperaturgegensätzen, da eine dauerhafte Atmosphäre fehlt. Die Temperaturen reichen von 100 K (-173 °C) bis 700 K (+427 °C). An den Polen beträgt die Temperatur konstant unter 180 K. Die Rotationsachse Merkurs besitzt nur eine minimale Neigung, es gibt also keine jahreszeitlichen Effekte. An den Merkurs Polen vermutet man Wasser in gefrorener Form. Dies wurde durch Raumfahrtmissionen bestätigt. Wie kann man Eis auf Merkur überhaupt nachweisen? Der erste Nachweis gelang mittels reflektierter Radiowellen. Mit dem Very Large Array und der Goldstone Antenna (70 m Antennendurchmesser) wurden Radiosignale zu Merkur gesendet.

Das VLA, Very Large Array, Radioteleskop. Es besteht aus 27 Radioantennen in Socorro, New Mexiko, jede Antenne besitzt einen Durchmesser von 25 Metern.

Diese Wellen wurden an Merkurs Oberfläche reflektiert und Signale die zuvor z.B. zirkular polarisiert waren, zeigten sich nach der Reflexion als depolarisiert (keine Vorzugsrichtung der Schwingungen). Daraus kann man auf Eis an Merkurs Polen schließen. Es gelangt dorthin praktisch nie Sonnenlicht und deshalb schmilzt das Eis nicht. Es könnte auch durch Kometeneinstürze auf Merkurs Oberfläche gebracht worden sein.

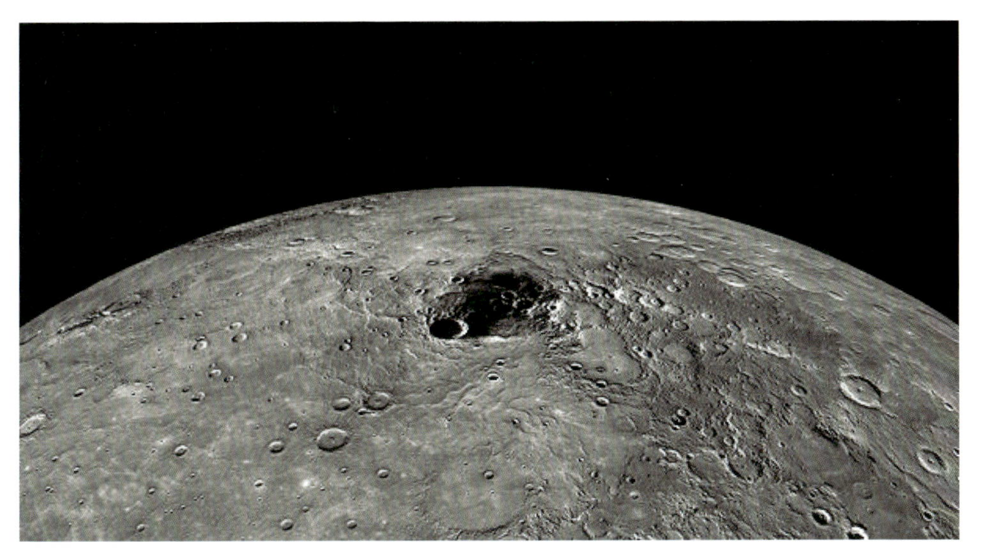

Der Nordpol Merkurs. NASA/Messenger Mission.

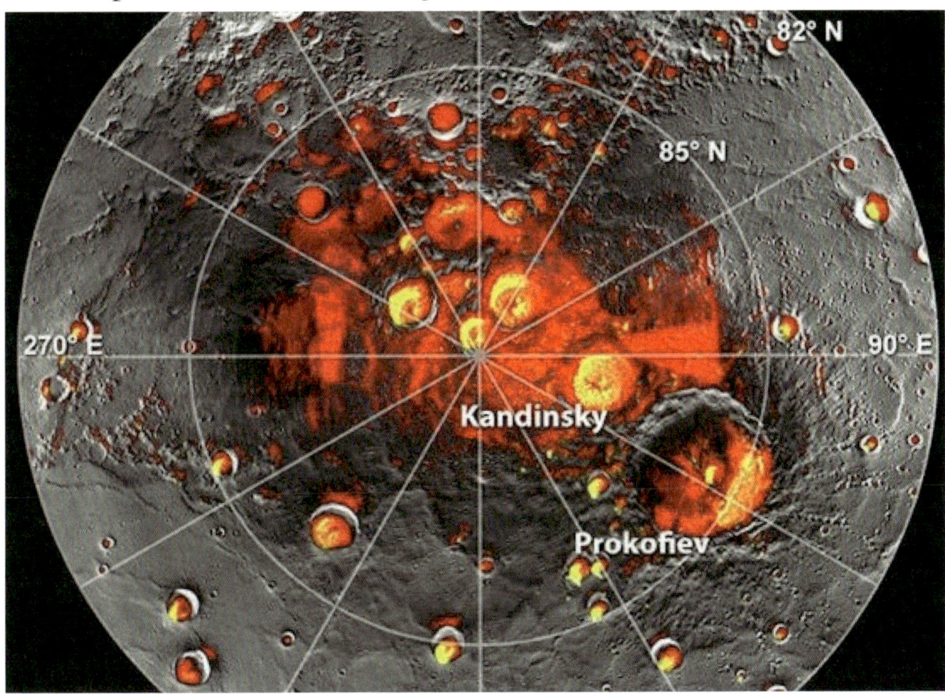

Vermutete Eisvorkommen auf Merkur (rot).

Obwohl Merkur nur sehr langsam rotiert konnte die US-Mission Mariner ein Magnetfeld entdecken (Mariner 10, 1974/75). Dieses Magnetfeld schützt den sonnennächsten Planeten vor energiereichen Teilchen von der Sonne. Allerdings ist die Ausdehnung des Merkurfeldes klein, etwa von der Größe der Erde.

Hervorgerufen wird das Feld wahrscheinlich durch fließende Ströme im Inneren Merkurs, also ähnlich wie bei der Erde ein Dynamoeffekt. Das Innere Merkurs wird wahrscheinlich durch die starken Gezeitenkräfte von der Sonne flüssig erhalten.

Im Jahre 2004 wurde die US-Mission Messenger (MErcury Surface, Space ENvironment, GEochemistry, and Ranging) gestartet. Am 30. April 2015 wurde die Sonne auf Merkur zum Absturz gebracht. Nachfolgemission ist Bepi-Colombo (Start für 2016 geplant).

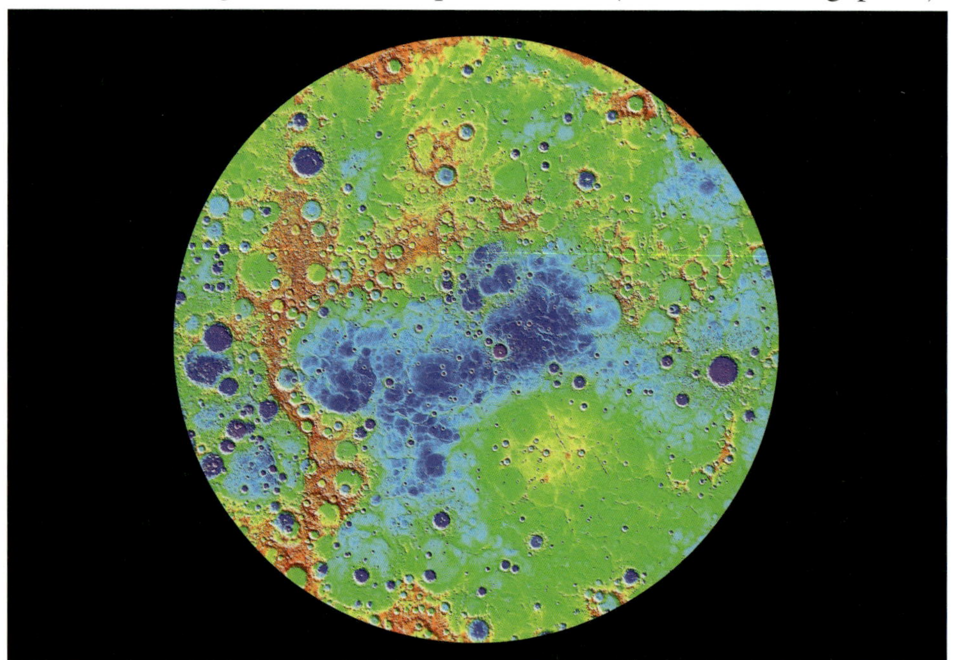

Falschfarbenkarte des Merkur. Man erkennt eine mondähnliche mit Kratern bedeckte Landschaft. NASA. Die Farben bedeuten unterschiedliche Höhen. Die Differenz zwischen den höchsten und den tiefsten Punkten beträgt 10 km.

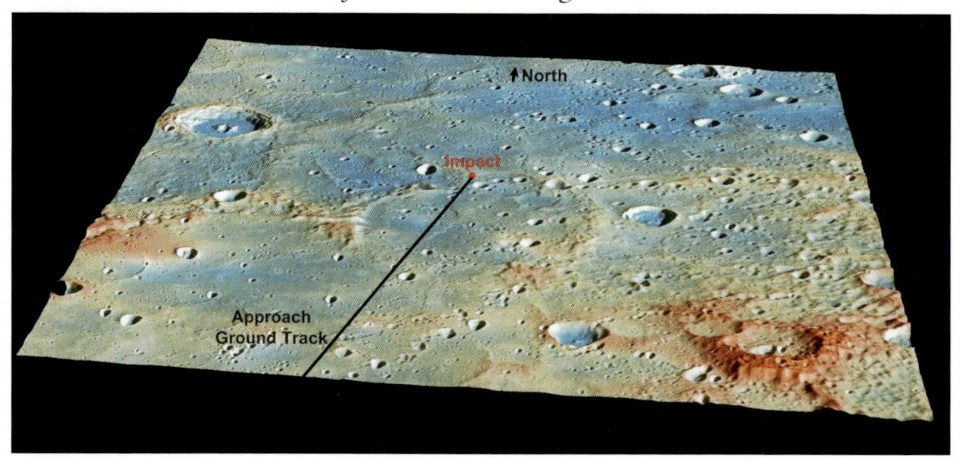

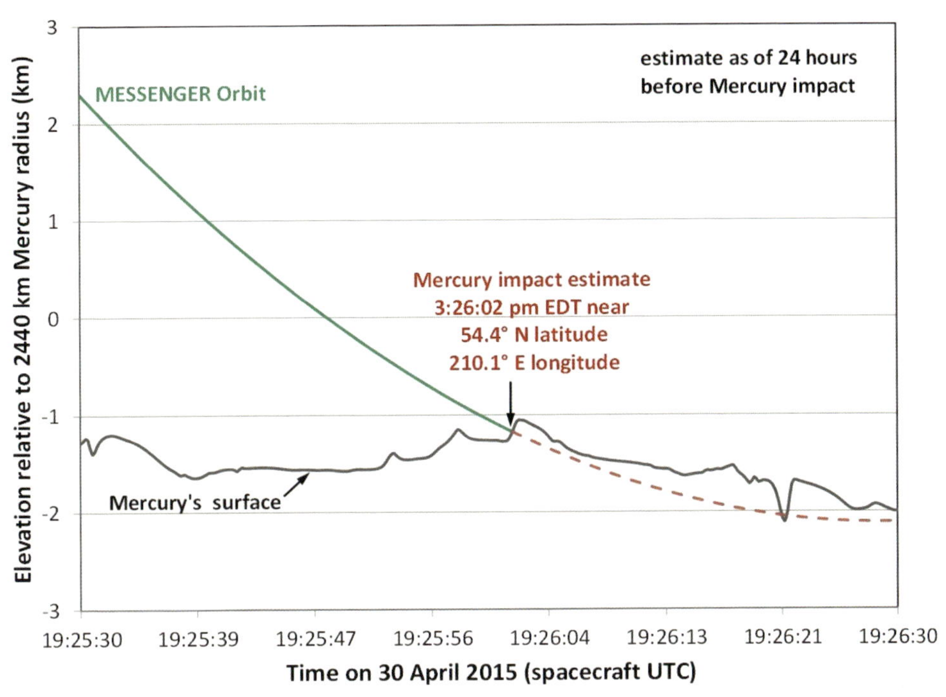

Geplanter Absturz der Messenger Sonde auf Merkur. Es wurde ein 16 m großer Krater auf Merkur verursacht.

Größenvergleich Erde (rechts) mit Merkur (links).

Von der Erde aus lässt sich der Planet nur sehr schwer beobachten und wegen seiner Nähe zum Horizont kann man keine Oberflächendetails auf dem Planetenscheibchen erkennen. Deshalb war Merkurs Oberfläche auch lange Zeit ein Rätsel.

Merkur und die Relativitätstheorie

Interessant ist, dass der Umlauf des Planeten um die Sonne als einer der ersten Tests für die Richtigkeit von Einstein's allgemeiner Relativitätstheorie verwendet wurde. A. Einstein (1879-1955) hat seine allgemeine Relativitätstheorie im Jahre 1915 vor der preußischen Akademie der Wissenschaften vorgetragen.

A. Einstein mit einem seiner Zitate.

Die Bahnellipse nach einem Merkurumlauf ist nicht geschlossen sondern das Perihel (sonnennächster Punkt der Merkurbahn) wandert weiter. Den größten Teil der Wanderung des Merkurperihels kann man durch Störeinflüsse von anderen Planeten erklären. Der winzig kleine Betrag von etwa 43 Bogensekunden pro Jahrhundert lässt sich jedoch nur mit Einstein's allgemeiner Relativitätstheorie erklären.

Bogensekunde: Dies ist ein sehr kleiner Winkel, er entspricht 1/3600 eines Grades. Stellen Sie sich eine ein Euro-Münze in einer Entfernung von 2 km vor. Sie würden sie dann theoretisch unter dem Winkel von einer Bogensekunde sehen (was natürlich nur durch ein Teleskop geht).

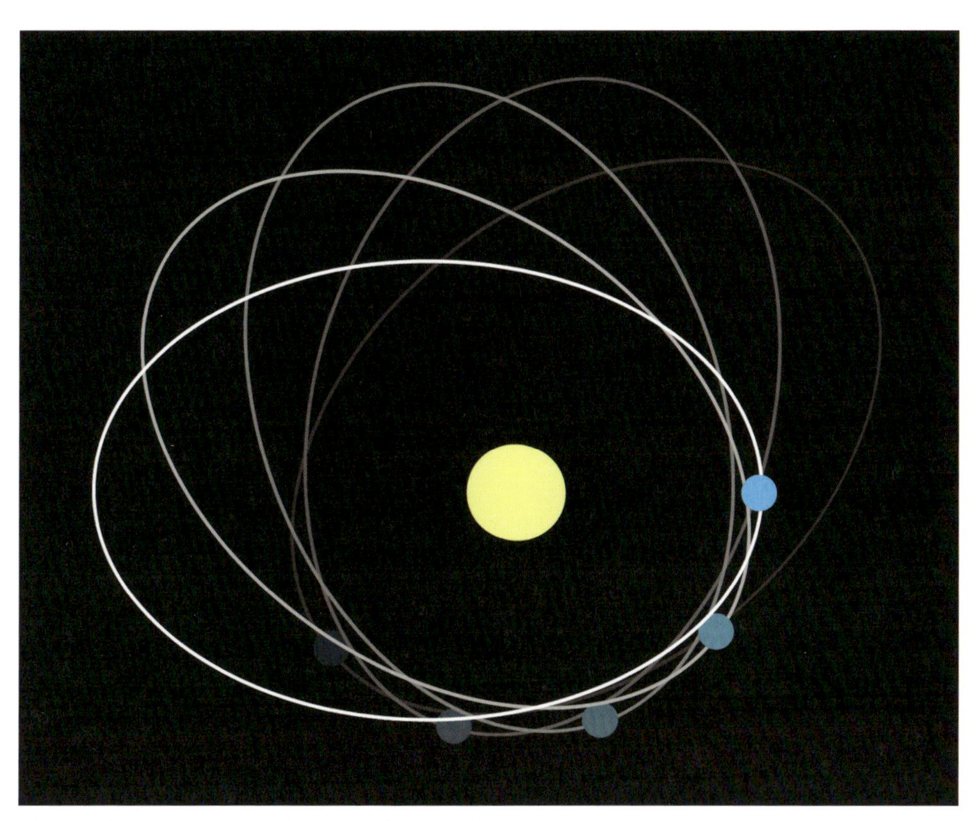

Periheldrehung des Merkur (stark übertrieben gezeichnet).

Venus – unser Schwesterplanet

Venus – eine zweite Erde ?

Von ihren Daten her kommt unser Nachbarplanet Venus der Erde am nächsten.

Der Radius der Venus beträgt 6051 km, das entspricht 0,95 Erdradien. Die mittlere Dichte liegt bei 5,2 g/cm^3. Venus rotiert verkehrt (retrograd), d.h. nicht im Sinne ihrer Bewegung um die Sonne: die Rotationsperiode beträgt 243 Tage (siderische Rotation).

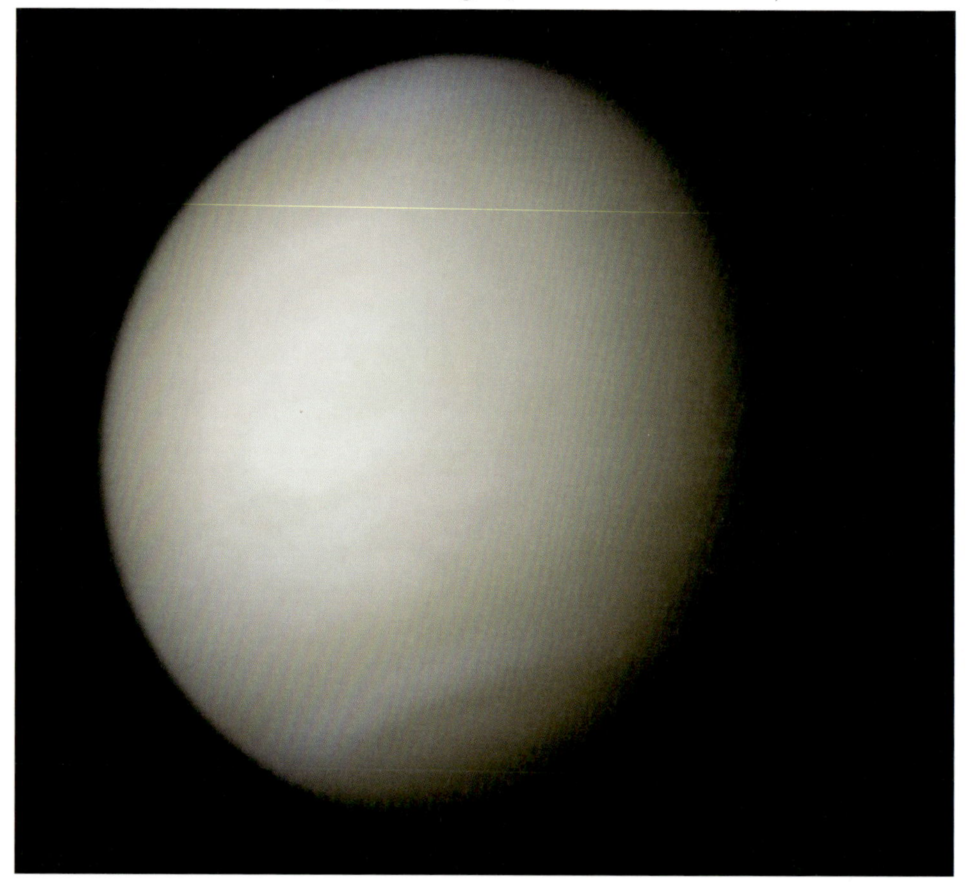

Infolge ihrer dichten Wolkenhülle können selbst bei Raumfahrtmissionen keine direkten Bilder der Oberfläche der Venus erhalten werden.

Der sonnennächste Punkt ihrer Bahn liegt bei 107 Mio. km, der sonnenfernste Punkt bei 109 Mio. km. Die Bahnhalbachse beträgt 0,72 AE. Die Umlaufperiode um die Sonne liegt bei 224 Tagen.

Früher dachte man, da sich Venus näher bei der Sonne befindet als die Erde, dass es dementsprechend etwas wärmer auf ihrer Oberfläche sein müsse. Man phantasierte von warmen tropischen Sumpflandschaften.

Venus- eine Hölle?

Die ersten Temperaturmessungen an der Oberfläche der Venus ergaben ein völlig anderes Bild. Venus ist extrem heiß, die mittlere Oberflächentemperatur liegt bei 737 K, das sind 462 Grad Celsius. Bei diesen Temperaturen schmilzt z.B. Blei. Ein Erklärung für diese hohen Temperaturen war auch schnell gefunden: Die Atmosphäre der Venus besteht zu 96,5 % aus Kohlendioxid. Wie wir wissen, ist Kohlendioxid ein Treibhausgas. Venus ist daher ein Beispiel für einen Planeten mit einem extrem hohen Treibhauseffekt und sollte uns eine Warnung sein, mit unserem Klima behutsamer umzugehen und insbesondere die Emission von Treibhausgasen einzuschränken.

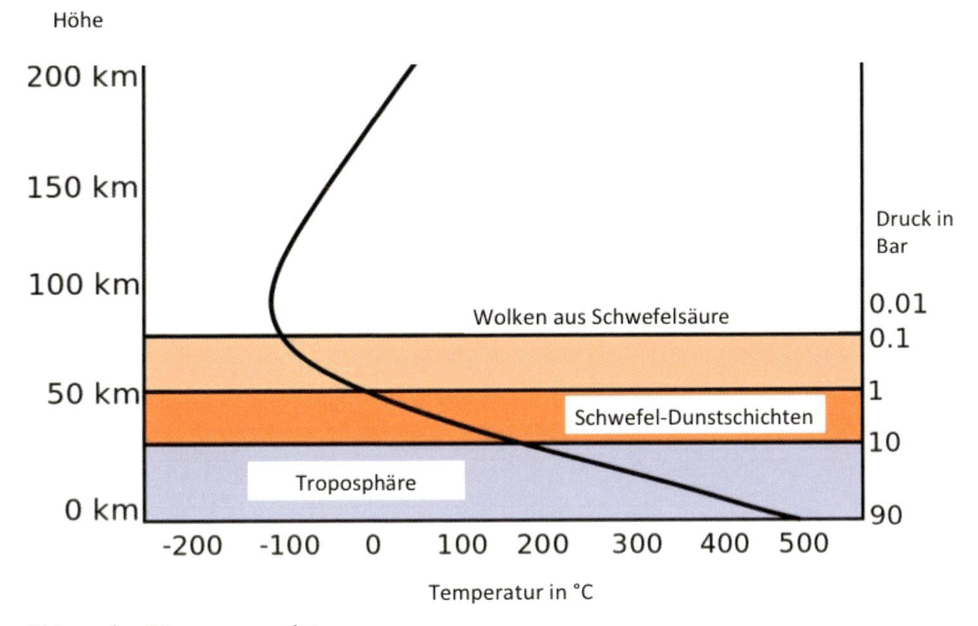

Skizze der Venusatmosphäre.

In der Atmosphäre der Venus gibt es Wolken, die aus Schwefelsäuretröpfchen bestehen und in Höhen von als 50 km über der Venusoberfläche vorkommen. Die Venusatmosphäre ist sehr dicht. Der Druck der auf der Venusoberfläche lastet ist enorm, etwa das 90-Fache des Druckes auf der Erdoberfläche. Dies entspricht dem Druck in etwa 1 km Meerestiefe. Venus ist der heißeste Planet im Sonnensystem! Obwohl weiter von der Sonne entfernt ist als Merkur, ist die Venusoberfläche heißer als die Merkurs. Gegenwärtig ist die Venusoberfläche extrem trocken, aber es könnte in der Vergangenheit Wasser auf Venus gegeben haben, vielleicht sogar einen Ozean. Dieser ist aber schon in der Frühphase der Venus verloren gegangen. Wie kommt es zur Verdampfung eines eventuellen Venusozeans? Die frühe Sonne war um etwa 1/3 weniger leuchtkräftig als heute, die Sonneneinstrahlung war also gering. Die ursprüngliche Venusatmosphäre war weniger dicht, reicherte sich jedoch mit Treibhausgasen an. Das führte zu einem sogenannten Run away Treibhauseffekt. Wasser verdampfte und der Wasserdampf wurde durch das UV-Licht der Sonne in Wasserstoff und Sauerstoff aufgespalten, der leichte Wasserstoff entwich in den Weltraum. Venus besitzt kein Magnetfeld, und deshalb gab es auch keinen Schutz vor den geladenen Sonnenwindteilchen.

Wetter und Leben auf Venus?

Wie schon erwähnt, hatte Venus wahrscheinlich in ihrer Frühphase (die ersten 600 Millionen Jahre) einen Ozean. Dieser ist dann verdampft. Man könnte nun spekulieren: wenn sich Leben in dieser Frühphase auf Venus entwickelt hat, dann könnte das Leben auf Grund der unwirtlichen Bedingungen in höhere Zonen der Venusatmosphäre gewandert sein (etwa 50 km). Dort herrschen durchaus lebensfreundliche Bedingungen, z.B. liegt die Temperatur zwischen 30 und 80 Grad C. Allerdings bestehen die Wolken vorwiegend aus Schwefelsäure.

Ein Wettervorhersage auf Venus ist relativ einfach: Wegen der dichten Atmosphäre gibt es keinen Unterschied der Temperatur zwischen Tag und Nacht bzw. zwischen Äquator und Polen. Niederschläge gibt es ohnehin keine. Die Winde nahe der Oberfläche sind zwar schwach, die Windgeschwindigkeiten betragen nur wenige km/h, aber wegen der dichten Venusatmosphäre besitzen sie dennoch eine starke Kraft.

Es würde für Astronauten extrem schwierig sein sich fortzubewegen. An der Obergrenze der Venuswolken gibt es Winde mit sehr hohen Geschwindigkeiten von bis zu 300 km/h. und das Material wird alle 4-5 Erdtage einmal um die Venus transportiert, die obere Venusatmosphäre rotiert also wesentlich schneller als die Venus selbst. Infolge der dichten Wolkenhülle ist es auf der Oberfläche der Venus weniger hell als auf der Erdoberfläche bei Tag.

Am kältesten ist es auf dem Gipfel der Maxwell Berge. Dort hat man angenehme 380 Grad C und einen Druck von 43 bar. Man fand auch eine Art Niederschlag, die Schnee ähnlich ist. Es könnte sich hier um Bleisulfide handeln.

Raumsonden erforschen Venus

Venus war der erste Planet, der mit Raumsonden erforscht wurde. Im Jahre 1962 näherte sich die US-Sonde Mariner 2 der Venus. Diese Sonde hat die Strahlung der Venus im Infrarot- und Mikrowellenbereich gemessen und fand dass die Obergrenze der Venuswolken relativ hoch sein, die Venusoberfläche jedoch heißer als 400 Grad C sein musste.

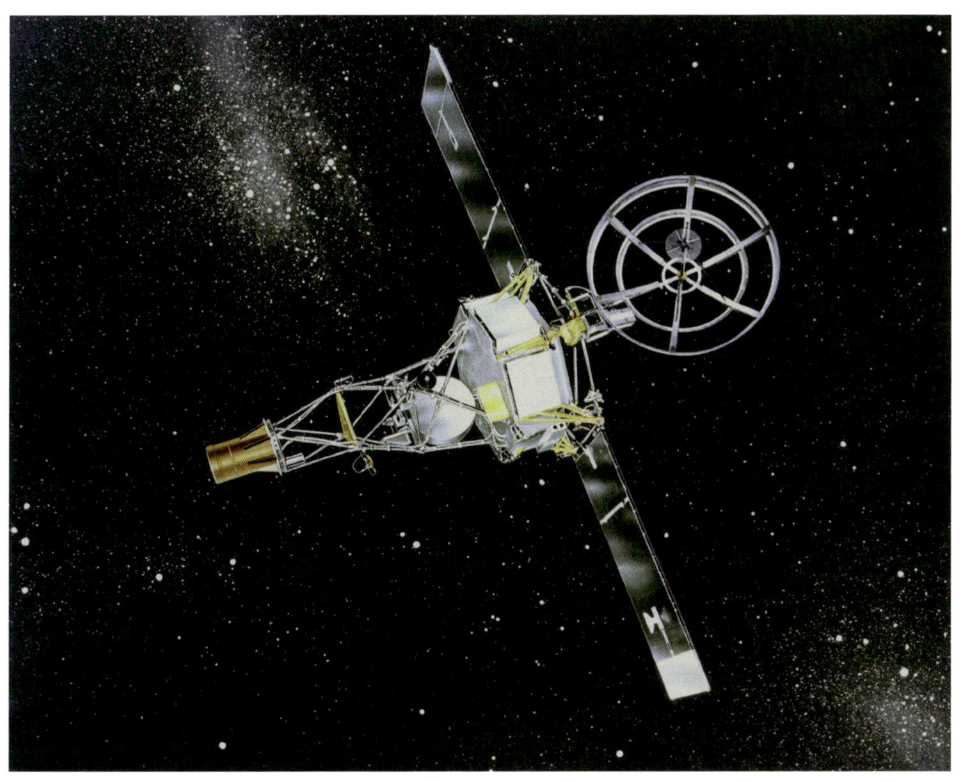

Skizze der Raumsonde Mariner 2, die erste erfolgreiche Mission zu einem Planeten. (c) NASA

In Russland versuchte man mit den Venera Raumsonden Venus zu erkunden. Venera 3 stürzte auf die Venusoberfläche (1966), Venera 4 drang in die Atmosphäre der Venus ein und Messungen bestätigten die Vorstellung einer sehr heißen Venusoberfläche. Bei einem Druck von 18 bar in einer Höhe von 25 km versagten dann ihre Instrumente. Im Jahre 1967 hat die US-Sonde Mariner 5 ein Radiookkultationsexperiment durchgeführt. Ein Stern wird von Venus bedeckt. Bevor der Stern ganz vom Planeten abgedeckt wird verschwindet er langsam in der Atmosphäre der Venus. Daraus kann man die Zusammensetzung der Atmosphäre ermitteln.

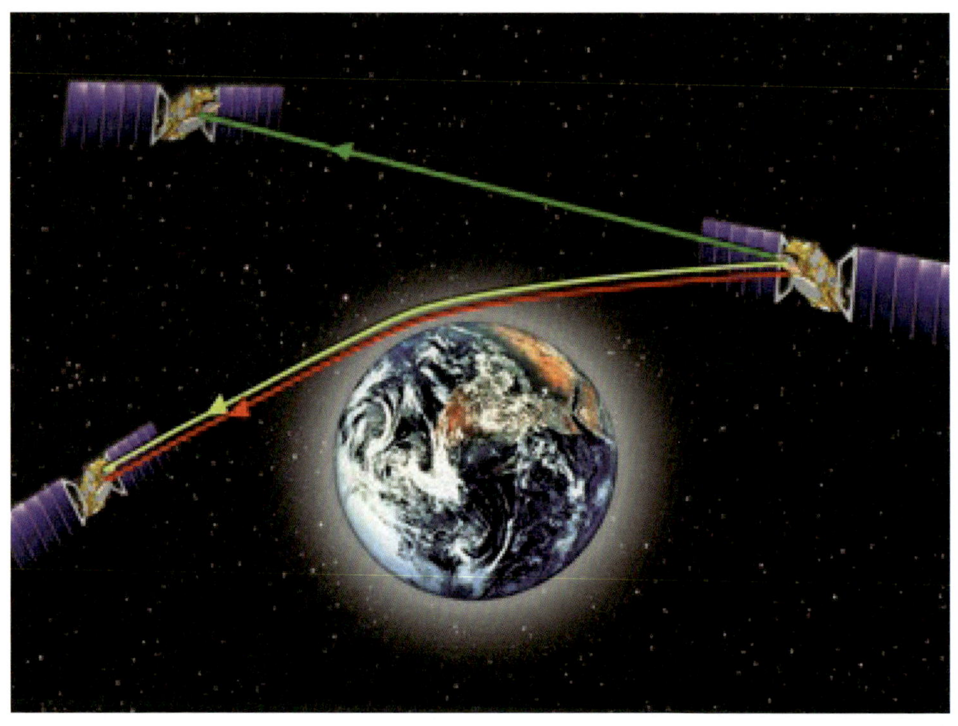

Prinzip Radiookultationsexperiment. Hier mittels drei Satelliten dargestellt. Durch die Atmosphäre eines Planeten wird der Lichtstrahl abgelenkt. Ähnlich wie beim Aufgang der Sonne.

Eigentliches und ehrgeiziges Ziel der russischen Missionen war es, eine Sonde weich auf der Venusoberfläche zu landen und Aufnahmen von der Venusoberfläche zu erhalten. Die Venera 7 Sonde wurde so konstruiert, dass sie einem Druck von 180 bar widerstehen konnte und der Fallschirm zur Abbremsung in der Atmosphäre war verkleinert worden, um die Sonde bereits 30 Minuten nach dem Eintritt in die Venusatmosphäre an deren Oberfläche zu landen. Am 17. Dezember 1970 war es dann soweit. Die Sonde drang in die Venusatmosphäre ein, aber es gab Probleme mit dem Fallschirm und der Aufprall auf Venus war eher unsanft. Dennoch funktionierte die Sonde noch 23 Minuten. Die weiteren Landungen waren dann Venera 8, 1972 (50 Minuten Daten von der Oberfläche) und dann Venera 9 und Venera 10 (1975).

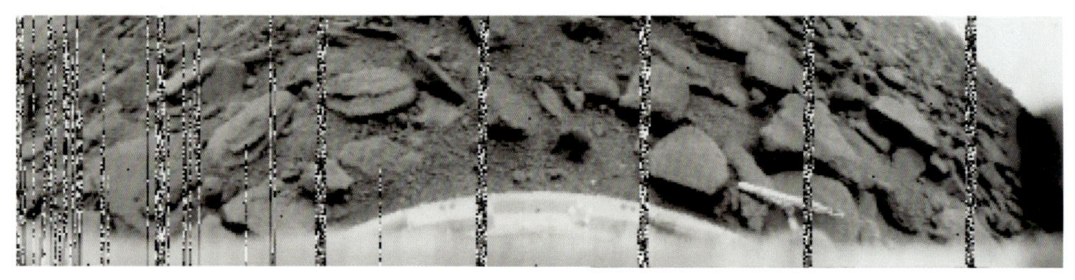

Details der Venusoberfläche, Venera 9.(C) NASA

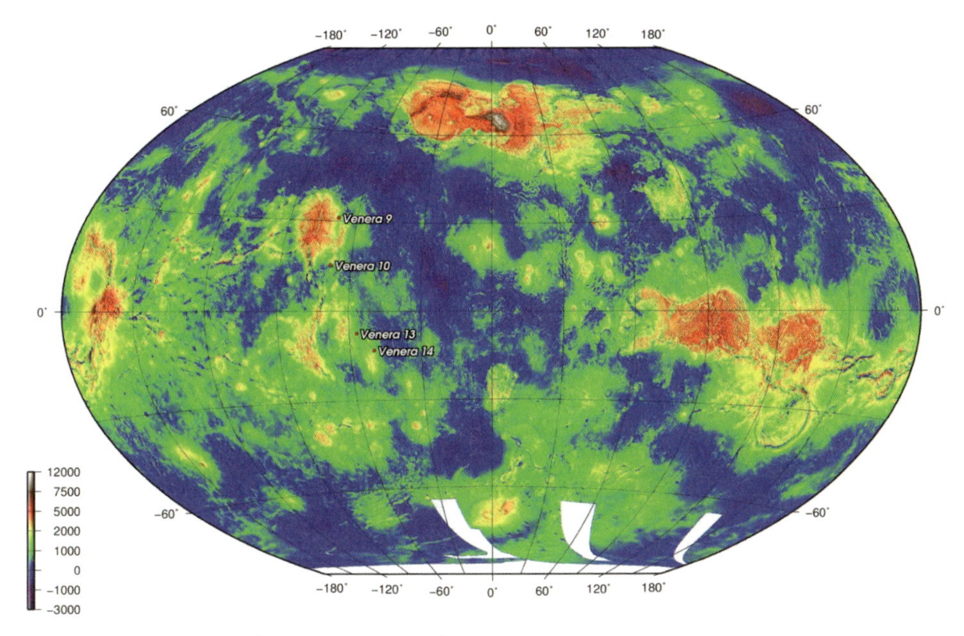

Positionen der russischen Venera Lander.

Bilder von der Venusoberfläche, Venera 10.

Venera 10 Sonde.

Der Magellan Orbiter erkundete dann im Jahre 1991 die Venusoberfläche durch Radarabtastungen. Etwa 80 % der Oberfläche bestehen aus Ebenen, es gibt zwei Kontinente, einen nördlich des Venusäquators und einen südlich davon. Der nördliche Kontinent heißt Ishtar Terra (Ishtar ist die babylonische Göttin der Liebe), der südliche heißt Aphrodite Terra (griech. Göttin der Liebe). In Ishtar Terra findet man die Maxwell Berge, die bis zu 11 km hoch ragen.

Die Oberfläche der Venus muss relativ jung sein, denn man findet nur wenige Krater. Das Alter der Venusoberfläche kann man aus Kraterzählungen abschätzen, es liegt zwischen 300 und 600 Millionen Jahren.

Skizze: Magellan Sonde bei Venus © NASA

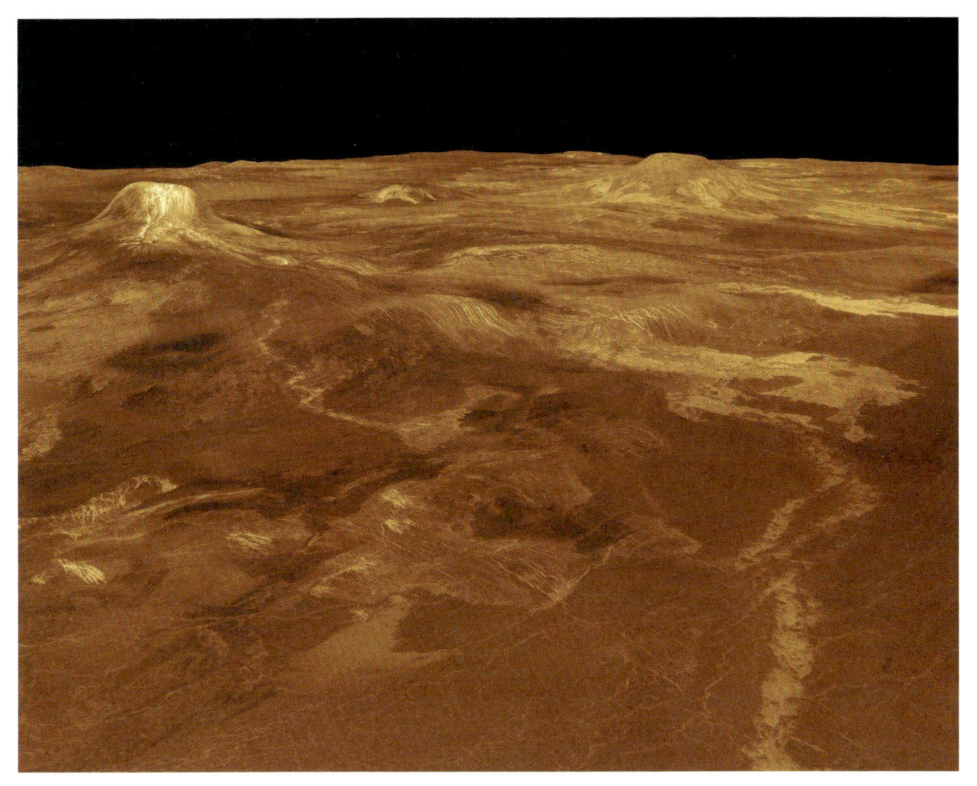

Gula Mons Region aus Magellan Daten. ©NASA

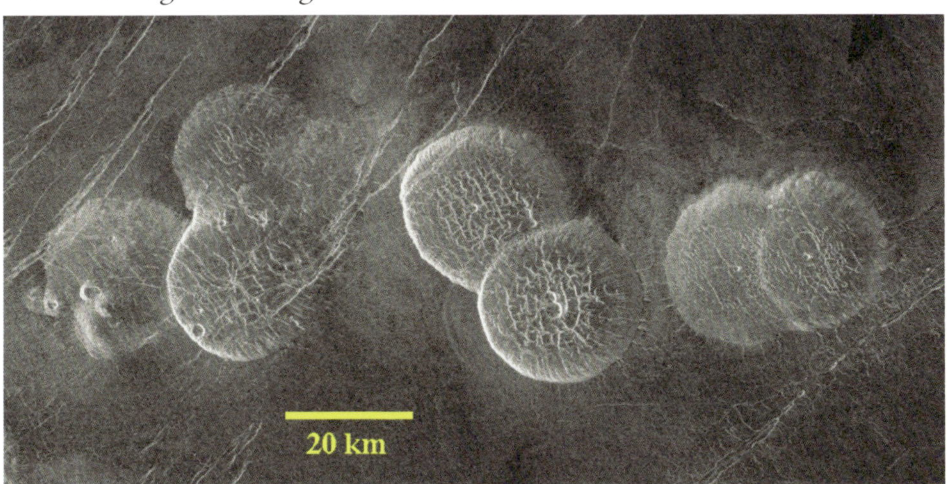

Pfannkuchenartige Vulkane auf Venus. ©NASA

Man findet flache Vulkane die bis zu 50 km groß sind und nur zwischen 100 und 1000 m hoch werden. Vulkanismus hat die Venusoberfläche stark geformt, man hat 167 Vulkane gezählt die mehr als 100 km groß sind. Der einzige vergleichbare Vulkankomplex auf der Erde mit diesen Dimensionen ist die große Insel von Hawaii. Weshalb scheint es auf Venus mehr Vulkane zu geben als auf der Erde?

Der Grund ist einfach: die Kruste der Venus ist älter als die Erdkruste (Alter nur etwa 100 Millionen Jahre). Wir sehen daher auf Venus noch viele ältere Vulkane als auf der Erde. Dass Venus auch heute noch vulkanisch aktiv ist, zeigen Beobachtungen von Blitzen die anders als bei der Erde nicht durch Gewitter sondern durch Vulkane verursacht werden.

Weiters fand man, dass die Konzentration von Schwefeldioxid nicht konstant ist sondern es gibt einmal mehr davon in der Venusatmosphäre und dann wieder weniger, je nach vulkanischer Aktivität.

Die Venuskruste verhält sich anders als die Erdkruste. Bei der Erde gibt es die Plattentektonik, die Kontinente schwimmen auf Platten. Diese Platten verschieben sich gegeneinander oder eine Platte taucht unterhalb der anderen ab (Subduktion). Bei der Venus gibt es das nicht, die Hitze des Mantels der Venus staut sich auf und dann kommt es während etwa 100 Millionen Jahre zu einer gewaltigen Umwälzung.

Die Venuskruste ist also wie ein Kochdeckel der erst bei einer kritischen Temperatur nach oben geht.

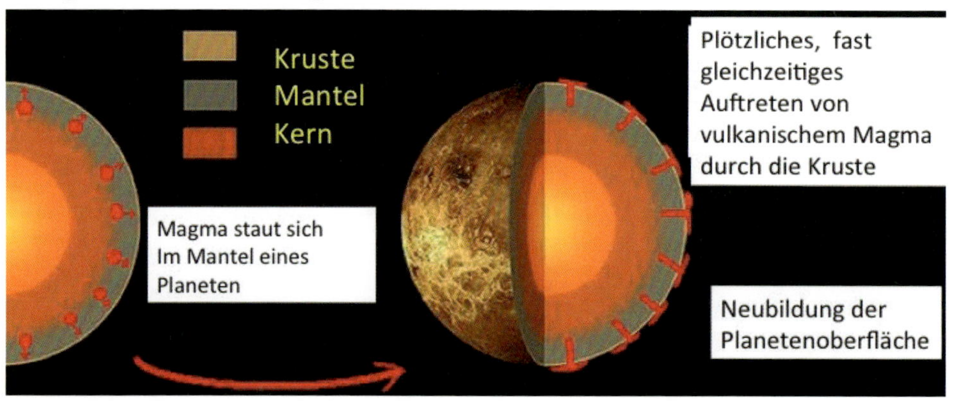

Eine neue Planetenoberfläche entsteht

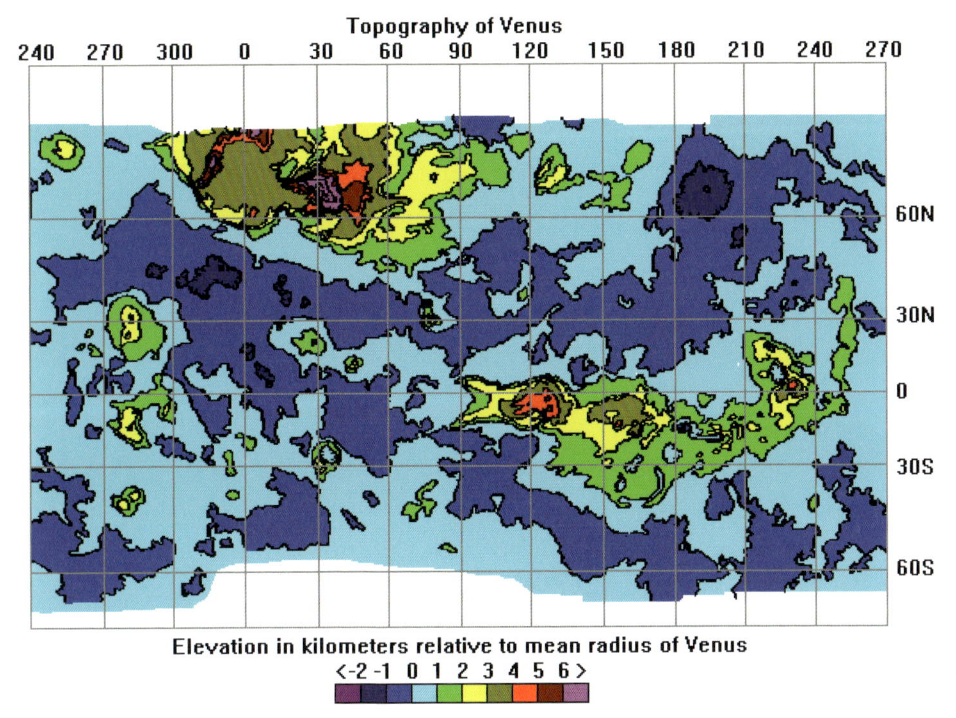

Topographie der Venus . Man erkennt deutlich im Norden Ishtar Terra mit den Maxwell Gebirge sowie im Süden (unter rechts) Aphrodite Terra.

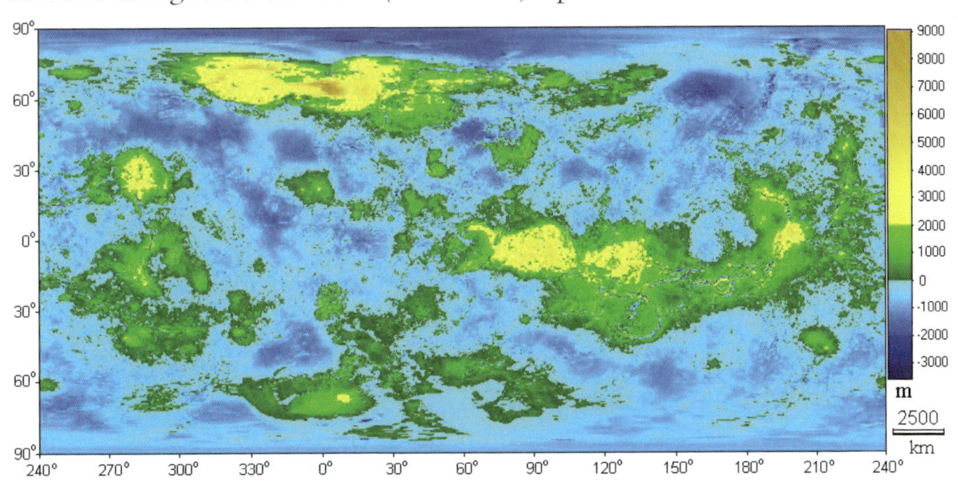

Interessant ist auch die Verteilung der Krater. Man findet auf Venus keine Krater mit Durchmessern von weniger als 3 km. Dies hängt mit ihrer dichten Atmosphäre zusammen. Objekte, die Krater mit Durchmessern von weniger als drei Kilometern bei Aufschlag verursachen, werden abgebremst und verglühen in der Atmosphäre. Besonders aufregend war als man eine Ozonschicht in der Venusatmosphäre fand. Außerdem gibt es von der Ionosphäre der Venus einen Strom von Teilchen ähnlich wie bei einem Kometenschweif.

Irgendwo im Maxwell Gebirge auf der Venus. Kein sehr angenehmer Ort zum Leben.

Das Innere der Venus

Leider gibt es keine Daten von Beben auf der Venus. Man vermutet aber einen ähnlichen Aufbau wie bei der Erde: Kern, Mantel und Kruste. Der Kern dürfte ähnlich wie bei der Erde teilweise flüssig sein. Der Hauptunterschied zwischen Erde und Venus ist aber das Fehlen von Plattentektonik bei unserem Nachbarplaneten. Einerseits wird dadurch mehr Hitze gespeichert, der Planet kühlt langsamer aus, aber wenn, dann gibt es Phasen von großen Umstrukturierungen der Oberfläche.

Venus besitzt kein Magnetfeld welches durch einen Dynamo erzeugt wird. Allerdings gibt es ein induziertes Magnetfeld welches durch die Wechselwirkung zwischen der Ionosphäre und dem Sonnenwind entsteht. Dieses induzierte Feld bietet aber nur einen geringen Schutz gegen kosmische Strahlung.

Venus beobachten

Bereits ein kleines Teleskop zeigt sehr schön die Phasen der Venus. Ist die Venus knapp vor oder nach ihrer unteren Konjunktion erscheint sie als große Sichel. Die Sichel ist allerdings über mehr als 180 Grad ausgedehnt, man spricht von Hörnern der Venus. Dies wurde 1790 vom Astronomen Johann H. Schröter herausgefunden und auch richtig interpretiert: Die Hörner der Venussichel entstehen durch deren dichte Atmosphäre.

Ansonsten lassen sich von der Erde aus nur schwer Messungen machen, da man die Oberfläche nicht sieht. Die Rotation der Venus konnte man erst in den 1960er Jahren durch Radarbeobachtungen messen. Mit dem 300 m großen Arecibo Radioteleskop wurden dann erste Details der Venusoberfläche gemessen (ebenfalls wieder durch Radarabtastung). So fand man in den 1970er Jahren die Maxwell Berge.

Mars – ein Planet mit Überraschungen

Kanäle auf Mars?

Neben Venus war Mars immer schon ein für die Menschen faszinierender Planet. Im Jahre 1890 glaubte der Astronom Giovanni Schiaparelli (1835-1910) auf der Oberfläche des Mars durch sein Teleskop ein Netz von Kanälen entdeckte zu haben, die er als canali bezeichnet. Bald wurden diese Kanäle als künstlich angelegte Kanäle angesehen um die spärlichen Wasservorkommen auf Mars zu verteilen.

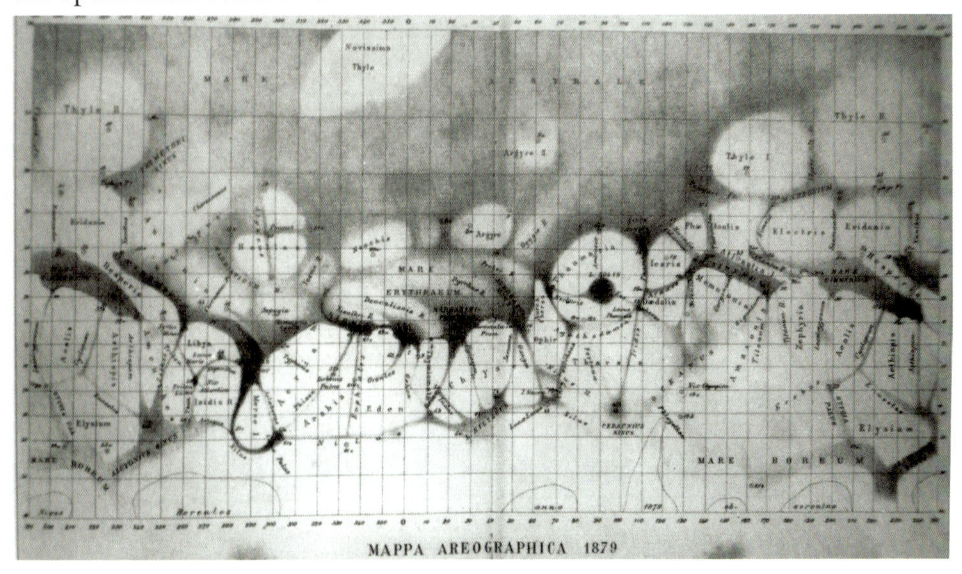

Marskarte nach Schiaparelli, 1979.

Übrigens war die Übersetzung des italienischen canali nicht korrekt, denn canali konnten durchaus natürlich gewachsene kanalähnliche Strukturen sein. Jedenfalls war damit der Mythos vom Leben auf Mars begründet. Der Astronom Percival Lowel erforschte bis zu seinem Tode 1916 den Mars und war sich sicher, dort intelligentes Leben anzutreffen. Man beobachtete die weißen Pole des Mars wo man gefrorenes Wasser vermutete. Lowel war überzeugt, dass intelligente Marsbewohner versuchten die letzten Wasservorräte auf Mars, die sie in den Polargebieten fanden, durch riesige Kanäle anzuzapfen und in die wärmeren Äquatorgebiete zu leiten. Neben der Untersuchung des Planeten Mars suchte er auch nach weiteren Planeten und legte so die Grundlagen für die spätere Entdeckung des Pluto, dem später aber wieder der Status eines großen Planeten aberkannt wurde. Lowell gründete in Flagstaff ein Observatorium und im Jahr 1930 entdeckte dort Clyde Tombaugh den Pluto.

Der Astronom Percival Lowell 1914, bei der Beobachtung der Venus mit einem 24 Zoll Refraktor (1 Zoll entspricht 2,56 cm).

Doch viele Astronomen vermuteten, dass es sich bei den Marskanälen um eine optische Täuschung, hervorgerufen durch die Turbulenzen in der Erdatmosphäre, handeln könnte. Der endgültige Beweis für die Nichtexistenz von Marskanälen stammte dann aus dem Jahre 1965 als die US-Sonde Mariner 4 an Mars vorbeiflog und eine mit Kratern übersäte mondähnliche Landschaft enthüllte.

Mars Grunddaten

Die Umlaufbahn des Mars besitzt eine relative hohe Exzentrizität von 0,09, somit schwanken seine Distanzen zur Sonne gewaltig:

- Perihel (sonnnächster Punkt) bei 1,38 AE,
- Aphel (sonnenfernster Punkt) bei 1,66 AE.

Die große Bahnhalbachse beträgt 1,52 AE. Die Umlaufperiode beträgt 1,88 Jahre, die synodische Periode 779,9 Tage oder 2,135 Jahre. Ein Marsjahr hat 668,5991 Marstage (ein Tag auf einem Planeten wird auch als Sol bezeichnet). Seine Bahn ist um etwa 1,85 ° zur Ekliptik geneigt. Der Planet rotiert in 1,0258 Tagen um seine Achse, das sind 24 Stunden, 37Minuten. Die Masse beträgt etwa 1/10 der Erdmasse, der Radius etwas mehr als die Hälfte des Erdradius (Äquatorradius 3389,5 km, Polarradius 3376,2 km). Die mittlere Dichte liegt bei 0,376 g/cm^3.

Die Atmosphäre des Mars

Mars besitzt eine dünne Atmosphäre. Die Zusammensetzung beträgt: 96 % Kohlendioxid, 1,9 % Argon, 1,9 % Stickstoff und nur 0,14 % Sauerstoff.

Größenvergleich Erde-Mars. © NASA

Mars besitzt keine Magnetosphäre mehr, deshalb ist seine Ionosphäre dem Sonnenwind ausgesetzt. Atome werden durch Wechselwirkung mit den Sonnenwindteilchen freigesetzt und entweichen in den Weltraum. Die Marsatmosphäre ist sehr dünn, ihre Dichte entspricht der Dichte der Erdatmosphäre in einer Höhe von 25 km. Der Druck an der Marsoberfläche beträgt 30 Pa, am höchsten Marsgebirge, dem Olympus Mons, beträgt der Druck nur mehr 1,15 Pa. Zum Vergleich: der Druck der Atmosphäre an der Erdoberfläche beträgt 101,3 kPa, also 101300 Pa, so ist also der mittlere Druck an der Marsoberfläche nur etwa 0,6 % des Druckes an der Erdoberfläche.

Mars aufgenommen mit der NASA Mars Global Surveyor Mission. © NASA, April 1999.

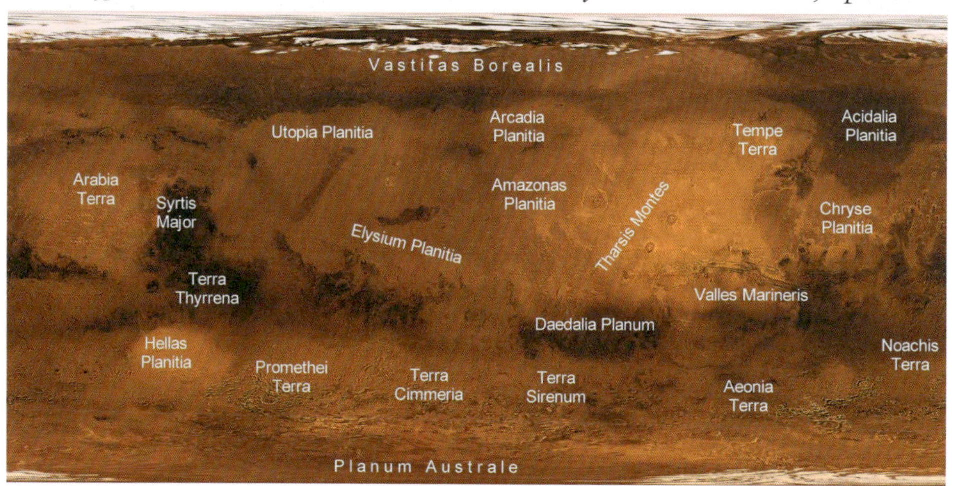

Mars Übersichtskarte

Messungen mit Raumsonden haben einen variablen Gehalt an Methan in der Marsatmosphäre ergeben. Methan würde normalerweise innerhalb von maximal vier Jahren durch UV- Strahlung der Sonne zerstört werden. Woher das Methan kommt ist vorerst noch unklar, es gibt drei mögliche Erklärungen:

Vulkanismus, Einschläge von Kometen oder mikrobiologische Aktivität, also z.B. Marsbakterien, die Methan erzeugen.

Man könnte vereinfacht sagen: Mars besitzt gegenwärtig eine Zusammensetzung seiner Atmosphäre, die jener der frühen Erde ähnlich ist.

Gas	Mars	Erde *(ohne Leben)*	Erde *(heute)*
Sauerstoff, O2 in %	0,13	0,0	20,1
Kohlendioxid, CO2 in %	95,0	98,0	0,03
Stickstoff N2 in %	2,7	1,9	78,1
Methan CH4 in ppm	0,0	0,0	1,7

ppm bedeutet pars per Million, also 1/1000 000.

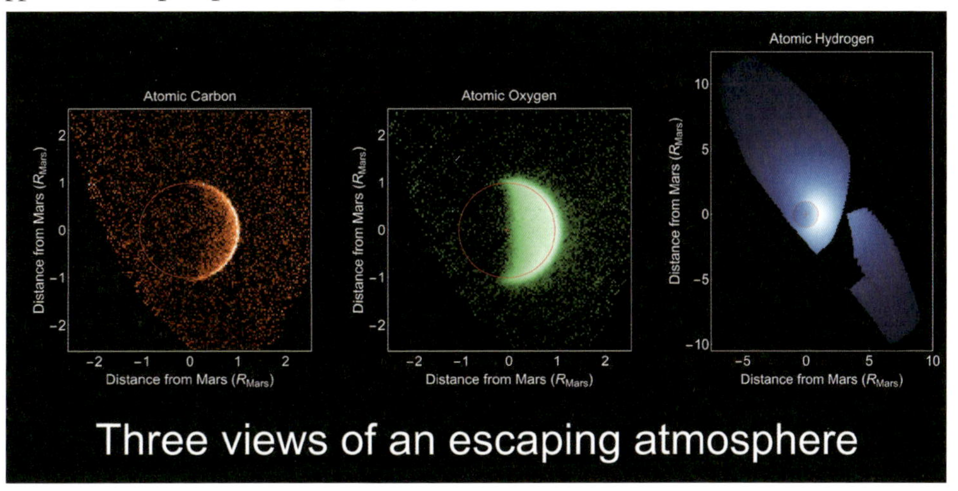

Das Marsexperiment Maven zeigt auf diesen Aufnahmen, wie die Marsatmosphäre in den Weltraum entweicht. Am meisten entweicht das leichte Wasserstoffgas (rechts).

Das Klima auf Mars

Wegen seines länger dauernden Umlaufs um die Sonne dauern die Jahreszeiten auf dem Mars etwa doppelt solange wie bei uns auf der Erde. Weshalb gibt es überhaupt Jahreszeiten auf Mars? Die Erklärung ist wie bei der Erde: Die Rotationsachse ist um etwa 24 Grad geneigt. Da seine Atmosphäre sehr dünn ist gibt es auch hohe Temperaturgegensätze: an den Polkappen im Winter kann die Temperatur auf bis zu Minus 143 Grad C absinken und am Äquator maximal auf etwa 15 Grad C steigen. Die Marsbahn ist stark exzentrisch, es gibt große Unterschiede zwischen Perihel und Aphel. Gegenwärtig befindet sich Mars im Aphel wenn auf der Südhalbkugel Winter ist bzw. im Perihel wenn auf der Südhalbkugel Sommer ist. Die Winter auf der Südhalbkugel sind daher kühler und die Sommer wärmer als auf der Nordhalbkugel.

Manchmal findet man riesige über große Flächen des Planeten reichende Staubstürme.

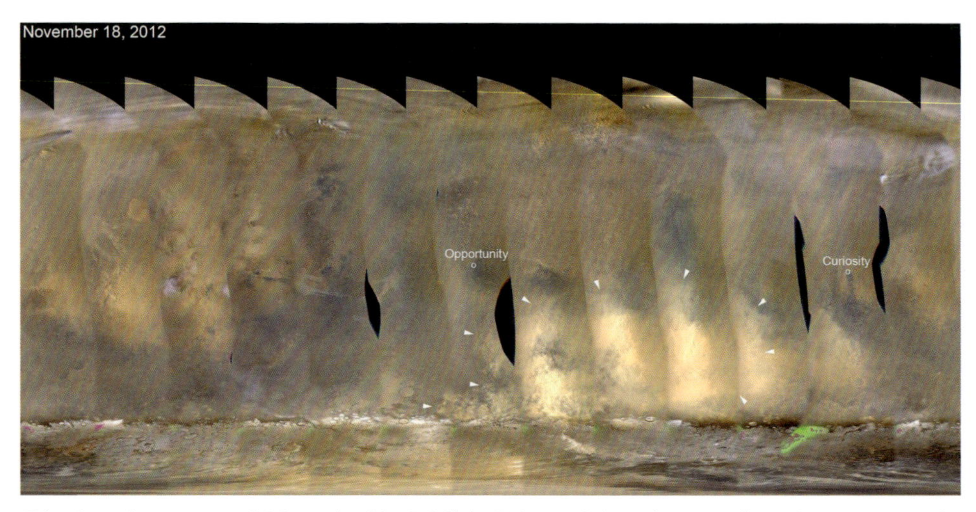

Ein Staubsturm auf Mars (weiße Pfeile). Die Position des Landers Opportunity ist ebenso eingezeichnet.

Gegenwärtig reicht der Druck der Marsatmosphäre nicht aus, um Wasser in flüssiger Form an der Oberfläche zu halten. Es gibt aber Anzeichen dafür, dass vor vielen hunderten Millionen Jahren Wasser auf der Oberfläche des Mars geflossen sein könnte. Man findet Formationen, die an ausgetrocknete Flusstäler auf der Erde erinnern. Man unterteilt die Entwicklung des Mars in mehrere Epochen:

Frühes Noachisches Zeitalter (4,6 bis 4,1 Mrd. Jahre): wie schon beim Mond besprochen gab es auf allen Planeten ein Bombardement von Meteoren und dadurch gingen bei Mars etwa 60 % von dessen Atmosphäre verloren.

In dem mittleren bis späten Noachischen Zeitalter (4,1 bis 3.5 Mrd. Jahre) erhielt Mars durch Ausgasungen von Vulkanen in der Tharsis Region eine neue Atmosphäre. Es wurden große Mengen Wasserdampf und Kohlendioxid freigesetzt. Aus Sedimentablagerungen folgt, dass es während dieser Phase stehende Gewässer auf Mars gegeben haben müsste. Dieses Marszeitalter endete, als Mars kein Magnetfeld mehr hatte. Der Sonnenwind konnte direkt mit den Molekülen der Marsatmosphäre wechselwirken und so gingen etwa 60 % an Argon, Kohlendioxid und Stickstoff verloren und bevorzugt die leichteren Isotope anderer Molekülverbindungen. Außerdem wurden die zwei unterschiedlichen Marslandschaften gebildet: die nördlichen Tiefländer sowie zahlreiche großräumige vulkanische Ablagerungen. Das Hesperianische Zeitalter dauerte von 3,5 bis 1,8 Mrd. Jahre. Es kam immer wieder zu Ausgasungen und der Druck in der Marsatmosphäre reichte aus, um Wasser in flüssiger Form an der Oberfläche des Planeten zu haben. In dieser Phase gab es auch mehrfache großräumige Überflutungen.

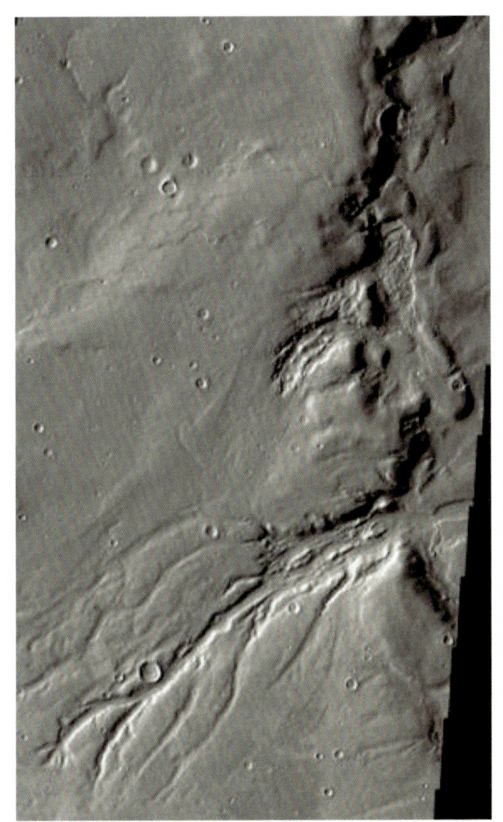

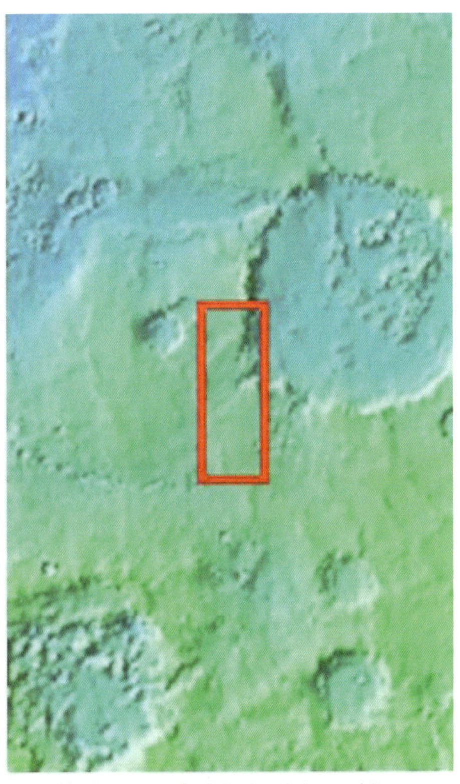

Picture on left is inside red box.

Krater Sameykin auf Mars mit einer Formation (rechtes Bild Ausschnitt, links vergrößert), die an ausgetrocknete Flussläufe erinnert. © NASA

Es gab in diesem mittleren Zeitalter der Marsgeschichte jedoch keinen Wasserkreislauf wie auf der Erde: Verdunstung, Wolkenbildung und Niederschläge. Das Wasser versickerte im Marsboden und wurde durch hydrothermale Prozesse wieder freigesetzt. Der Planet kühlte jedoch immer weiter ab. Deshalb kam dieser Prozess der hydrothermalen Freisetzung vor etwa 1,5 Mrd. Jahren zum Erliegen. Es gab nur noch Gletscher an der Oberfläche. In diesem Zeitalter bildeten sich auch große Lavaebenen wie das Hesperia Planum aus.

Das jüngste Marszeitalter ist die amazonische Periode. Es begann vor etwa 1,5 Mrd. Jahren. Es entstanden die jüngeren Vulkane der Tharsis Region sowie weite Ebene wie z.B. Amazonis Planitia. Wahrscheinlich gab es vor wenigen Millionen Jahren noch Geysire auf Mars. Dabei ist kohlensäurehaltiges Wasser mehrere Kilometer in die Höhe geschossen. Das schlammige Wasser regnete mehrere Kilometer von der Austrittsstelle entfernt nieder, was sich durch Ablagerungen belegen lässt.

Sogenannte Gullies an einem Marskrater. © NASA

Wir sehen also: Mars ist ein überaus interessanter und aktiver Planet. Die Erosion an der Oberfläche findet aber heute nur mehr durch Wind bzw. Hangrutschungen statt.

Wasser könnte in großen Mengen im Marsboden gefroren sein und wenn sich das Klima auf Mars ändert käme es zum Auftauen und Überschwemmungen. Mars ist der Planet mit den großen Klimaschwankungen. Er besitzt zwar zwei Monde, die aber nur wenige km große sind und deren Schwerkraft nicht ausreichend ist, um die Marsachse zu stabilisieren.

Anzeichen für Wasser das unterhalb der Marsoberfläche langsam fließt, findet man in den sogenannten Gullies, bei den Abhängen von großen Kratern. Es wurden auch Änderungen infolge der Jahreszeiten beobachtet.

Eine Möglichkeit Wasser im Marsboden indirekt nachzuweisen bietet die Neutronenspektroskopie.

Die Polkappen des Mars

Bereits kleine Teleskope zeigen die Polkappen des Mars, deren Ausdehnung sich je nach Jahreszeit ändert. Woraus bestehen die beiden weißen Polkappen? Messungen zeigten, dass es sich um gefrorenes Wasser und gefrorenes Kohlendioxid handelt. Während des Winterhalbjahres auf Mars, das 343,5 Tage dauert, wird es extrem kalt auf der in völliger Dunkelheit liegenden Polkappe. Zwischen 25 und 30 % des in der Atmosphäre enthalten Kohlendioxids kann dabei ausfrieren. Im Sommerhalbjahr sublimiert das Kohlendioxid, d.h. es geht von der Eisphase direkt in die gasförmige Phase über. Erstmals wurden die Polkappen des Mars im Jahre 1672 von Christiaan Huygens beobachtet. Wie schon erwähnt spielt bei Mars neben der Achsenneigung auch seine stark elliptische Bahn eine Rolle. Auf der Südhalbkugel des Mars sind daher die Jahreszeiten stärker ausgeprägt als auf der Nordhalbkugel.

Die nördliche Polkappe kann bis zu einem Durchmesser von 1100 km anwachsen. Ihr Eisvolumen beträgt 1,6 Mio. Kubikkilometer, das würde eine durchschnittliche Eishöhe von 2 km ergeben.

Diesem Eisvolumen entspricht in etwa die Hälfte des Grönland-Inlandeises. (2,85 Mio. Kubikkilometer). Die nördliche Polarkappe besteht zur Hälfte aus Wassereis. Dies wurde durch Messungen des Mars Reconnaissance Orbiters ermittelt (0,821 Mio. Kubikkilometer Wassereis). Es bildet sich während des Marswinters auf der Nordkappe noch eine dünne Eisschicht aus Trockeneis (gefrorenes Kohlendioxid) mit einer Mächtigkeit von 1,5 bis 2 Metern.

Die nördliche Polarkappe liegt tiefer als die südliche und da die Jahreszeiten auf der Nordhalbkugel des Mars nicht so stark ausgeprägt sind, verschwindet im Marssommer nur das Trockeneis. Die südliche Polarkappe des Mars ist kleiner und erreicht nur etwa 400 km Durchmesser, aber das Gesamtvolumen an gefrorenem Kohlendioxid (Trockeneis) und Wassereis dürfte gleich sein wie bei der Nordkappe.

Würden die beiden Polkappen des Mars abschmelzen würde soviel Wasser freigesetzt, dass Mars mit einem 35 m dicken Ozean bedeckt wäre.

Die nördliche Polarkappe enthält viermal mehr Wassereis als die südliche. Dies erklärt sich durch die höhere Lage des Südpols und den sich damit ändernden Strömungen in der Marsatmosphäre. Beide Polkappen sind relativ jung (weniger als 10 Millionen Jahre).

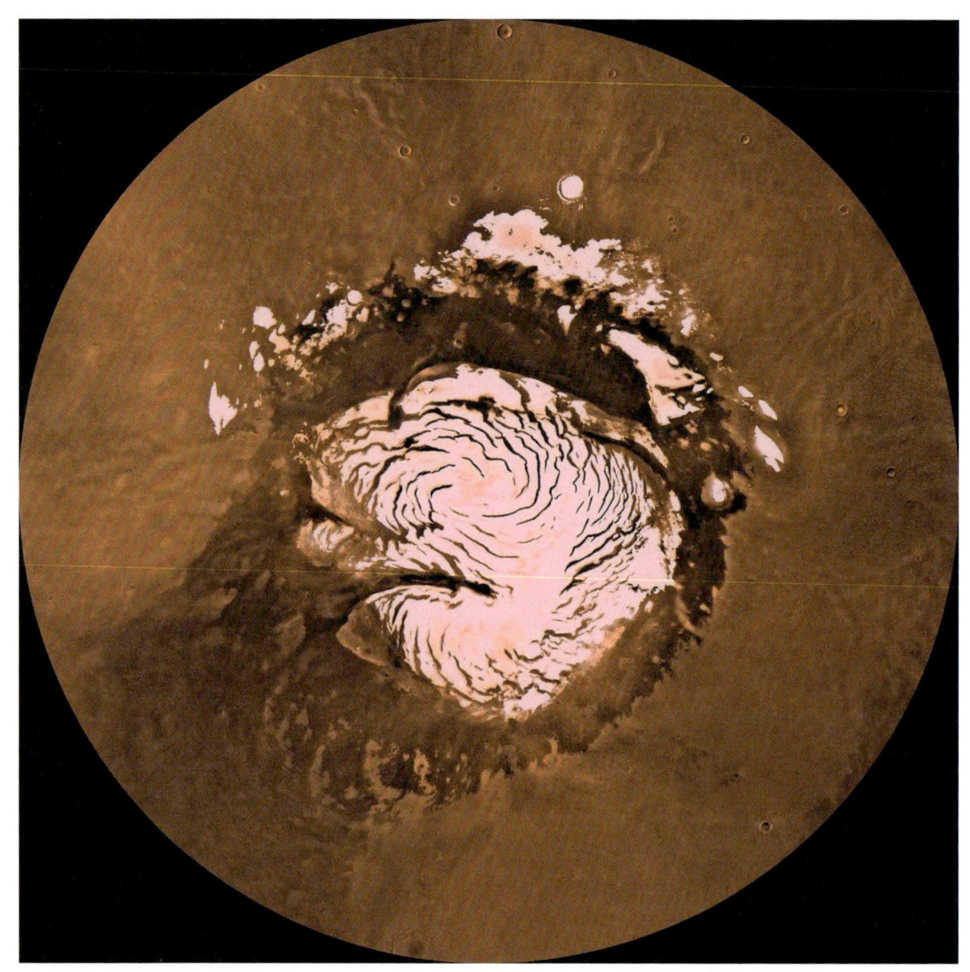

Die nördliche Polarkappe des Mars. , 1998, Viking 1.

Die sog. Chasma Boreale. Eine tiefe Schlucht im Eis der nördlichen Polarkappe. Die Breite beträgt etwa 10 km, die Tiefe 2 km. Und der Einschnitt geht durch die Hälfte der nördlichen Polarkappe. Der Grand Canyon ist dagegen viel kleiner.

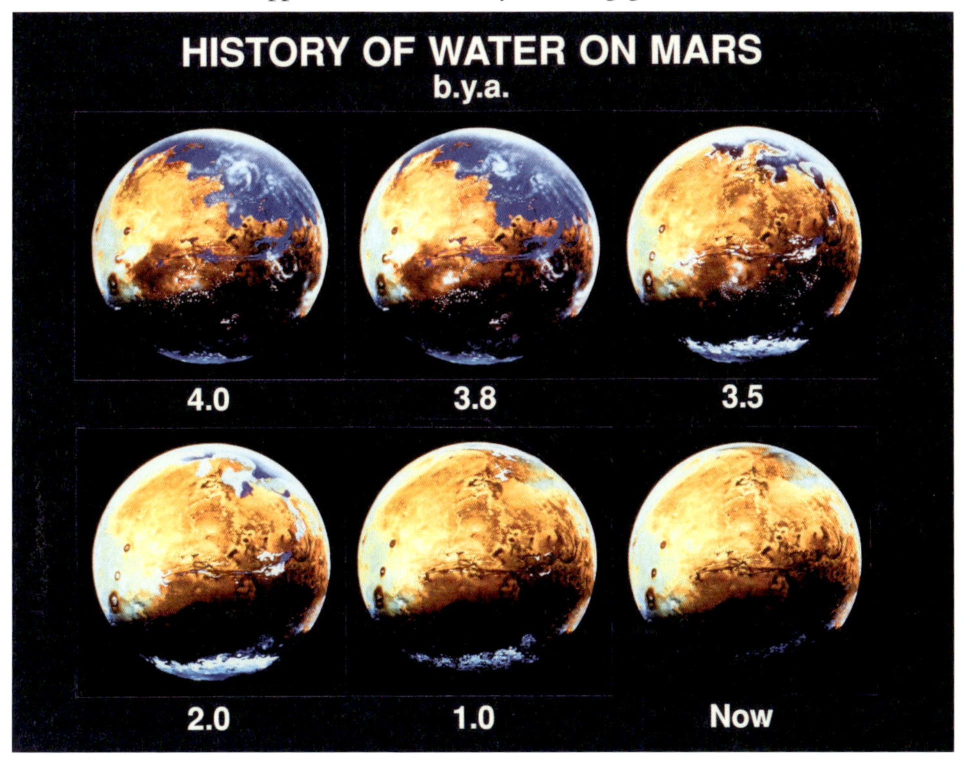

Geschichte des Wassers auf Mars. Heute ist der Planet extrem trocken, aber Wasser könnte gefroren unter der Oberfläche sein und bei einer Klimaänderung würde das Eis wieder aufschmelzen.

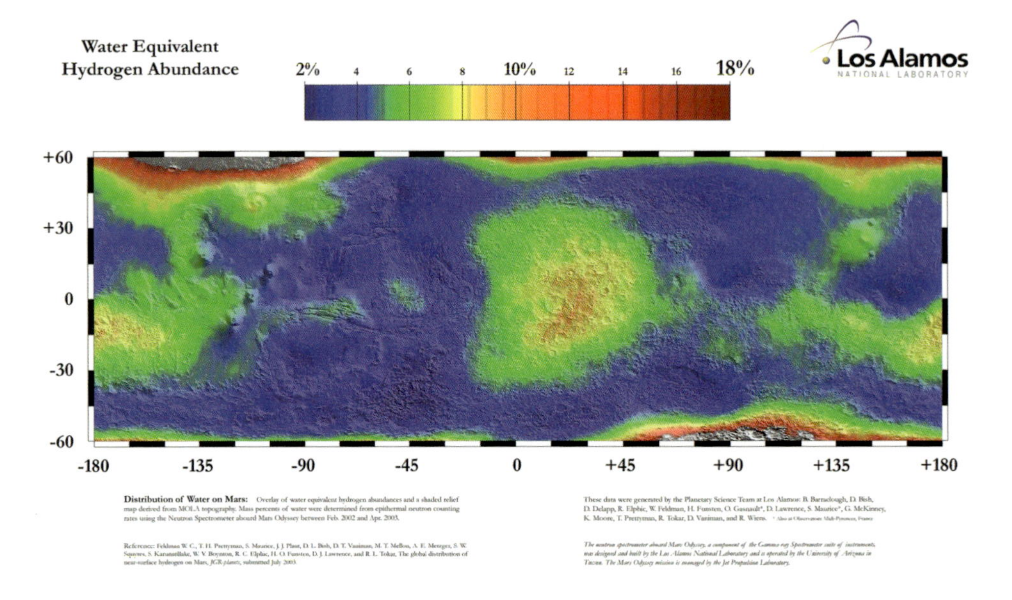

Prozentanteil des im Marsboden gefrorenen Wassers. An den Polen beträgt der Anteil bis zu 18 %. Diese Karte entstand mit Neutronenspektroskopie.

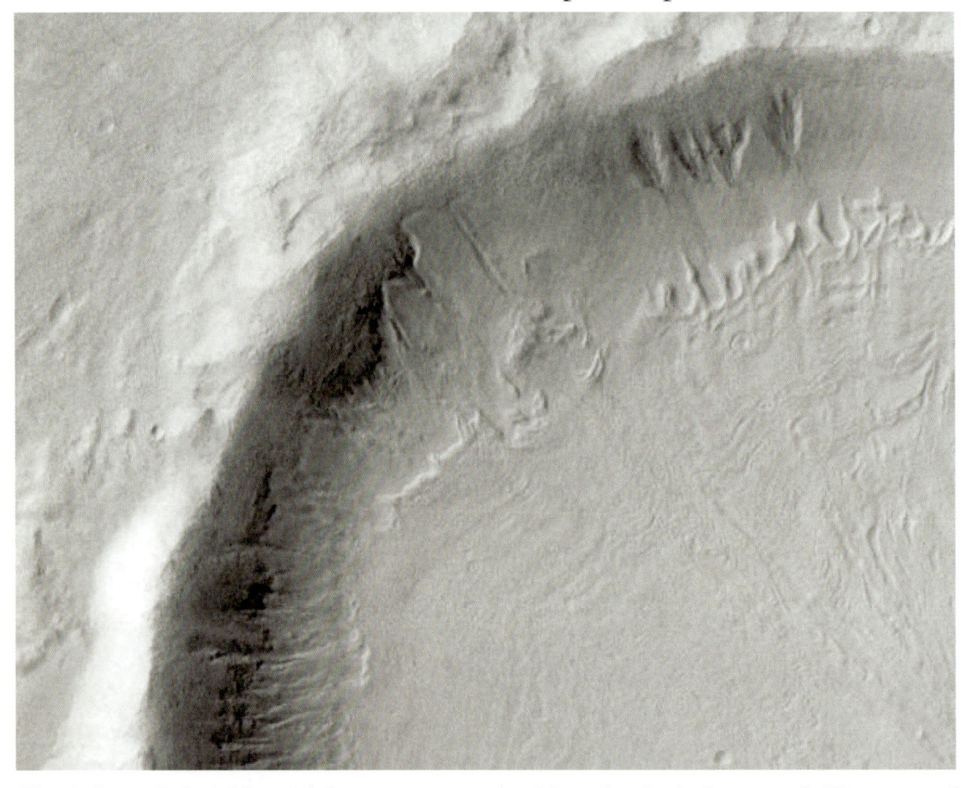

Ein weiteres Beispiel für sich langsam unter der Marsoberfläche bewegende Wasser- und Staubmassen. Es zeigt eine Art Hangrutschung.

Mars im Raumfahrtzeitalter

Die Erforschung des Mars begann, wie schon erwähnt mit Teleskopbeobachtungen von der Erde aus. Die kleinsten von der Erde mit Teleskopen sichtbaren Details an der Marsoberfläche die gelegentlich durch Wolkenbildung und Staubstürme verschleiert erscheint, haben einen Durchmesser von 300 km. Johannes Kepler (1571-1630) berechnet die Ellipsenbahn des Mars (er hatte als Grundlage dafür die ausgezeichneten Beobachtungen Tycho Brahes). Im Jahre 1659 entdeckte Christiaan Huygens die große Syrte, Syrtis Major und 1666 fand Giovanni Cassini die Polkappen. Die erste Marskarte stammt aus dem Jahr 1830 (Wilhelm Beer) und Giovanni Schiaparelli beschrieb 1877 die Marskanäle, canali. Im selben Jahr entdeckte Asaph Hall die beiden winzigen Marsmonde Phobos und Deimos. Das Marsfieber war ausgebrochen, man suchte nach Leben auf dem Mars und war überzeugt es zu finden. Der bereits erwähnte Percival Lowell gründete ein eigenes Observatorium zur Marsbeobachtung. Man fand sogar biologische Moleküle im Marsspektrum aber später zeigte sich dass es sich bei diesen Molekülen um Moleküle aus der Erdatmosphäre handelt. Gerard Kuiper fand dann Kohlendioxid, den Hauptbestandteil der Marsatmosphäre und noch immer glaubte man an einfache Pflanzen (Flechten, Moose) auf Mars.

So ist es nicht verwunderlich dass alles versucht wurde, um Mars mit Raumsonden aus nächster Nähe zu beobachten oder im Idealfall sogar Sonden weich auf der Marsoberfläche landen zu lassen. Doch es scheint so etwas wie einen Marsfluch zu geben. Viele Missionen scheiterten. Im Oktober 1960 wurden die sowjetischen Sonden Marsnik 1 und 2 gestartet, die jedoch schon in der Erdatmosphäre verglühten. Weitere vier geplante sowjetische Marsmissionen schlugen fehl. Das US-Marinerprogramm wurde mit insgesamt 10 Missionen durchgeführt, um das innere Sonnensystem zu erforschen. (im Zeitraum 1962 bis 1973). Man startete 1964 zwei idente Sonden, Mariner 3 und Mariner 4 die am Mars vorbeifliegen sollten. Mariner 3 scheiterte, Mariner 4 flog aber erfolgreich am 15. Juli 1964 am Mars vorbei und die Bodenstationen konnten 22 Fotos vom Mars empfangen. 1969 lieferten Mariner 6 und 7 mehr als 200 Bilder, 1971 missglückte der Start von Mariner 8. Mariner 9 war wieder erfolgreich. Im Jahre 1971 unternahm die Sowjetunion den Versuch eine Sonde weich an der Marsoberfläche landen zu lassen. Die beiden Missionen waren Mars 2 und Mars 3. Mars 2 scheiterte, Mars 3 landete weich auf Mars aber der Funkkontakt brach bereits nach 20 Minuten ab. Man hatte Pech: zu dieser Zeit tobte auf

Mars ein gewaltiger Sandsturm und Mars 3 dürfte wahrscheinlich umgeworfen worden sein.

Sehr erfolgreich waren amerikanischen Viking Missionen. Am 20. Juni 1976 landete Viking 1 erfolgreich auf Mars. Weitere sowjetische Landeversuche scheiterten. In den 1980 er Jahren versuchte die Sowjetunion mit den Phobos Sonden abermals Mars zu erreichen, die, wie der Name besagt, auch den Marsmond Phobos untersuchen sollten. Phobos 1 erhielt von der Erde einen falschen Kursbefehl, der Funkkontakt riss ab. Phobos 2 ging nach dem Rendezvous mit dem Marsmond Phobos verloren.

1992 verloren die Amerikaner die Sonde MarsObserver. 1996 startete Russland die Sonde Mars 96 die in der Erdatmosphäre verglühte.

Wesentlich erfolgreicher waren die darauffolgenden Marsmissionen der Amerikaner. Im Jahre 1997 landete am 4. Juli (amerikanischer Unabhängigkeitstag, was tut man nicht alles für die Publicity) der Mars Pathfinder, der ein kleines Marsmobil hatte welches sich auf dem Mars fortbewegen konnte (das teuerste Spielzeugauto das je gebaut wurde). Die NASA hat die Bilder auch gleich im Internet veröffentlicht und konnte so viel an Prestige gewinnen. Darüber hinaus erfolgreich war die Mission Mars Global Surveyor, die Mars in hoher Auflösung kartographierte. Erfolglos blieben die Missionen Mars Climate Orbiter (Programmierfehler), Mars Polar Lander (fehlerhafter Sensor), beide Missionen erfolgten 1999. Mars wird auch von Mars Odyssey seit 2001 umkreist. Die Bilanz ist also sehr ernüchternd: bis 2002 gab es 33 Missionen zum Mars aber nur 8 waren erfolgreich, darunter keine einzige sowjetisch/russische.

Ab 2003 ging es wieder vorwärts mit Marsmissionen. Die erste europäische Marsmission war die Sonde Mars Express mit einem Landegerät Beagle 2. Leider landete Beagle 2 zu hart an der Oberfläche und zerschellte. Mars Express war jedoch als Orbiter sehr erfolgreich, man hat zahlreiche Aufnahmen erhalten, die eindeutig belegen, dass es früher auf Mars flüssiges Wasser gab. Am 4. Januar 2004 landete die amerikanische Sonde Spirit im Marskrater Guseev. Mit an Bord war ein Marsrover (Marsfahrzeug) das den Mars erkunden konnte. Im Frühjahr 2009 blieb der Rover allerdings in einer Sanddüne stecken und ist seither nicht mehr aktiv.

Am 25. Januar 2004 landete die Sonde Opportunity in einer Tiefebene des Mars (Meridiani Plani). Sie war ebenfalls mit einem Rover ausgestattet und lieferte Beweise, dass es einst auf Mars warm und feucht war. Das wurde von der Fachzeitschrift Science zum Durchbruch des Jahres 2004 gewürdigt. Im April 2015 war Opportunity immer noch aktiv.

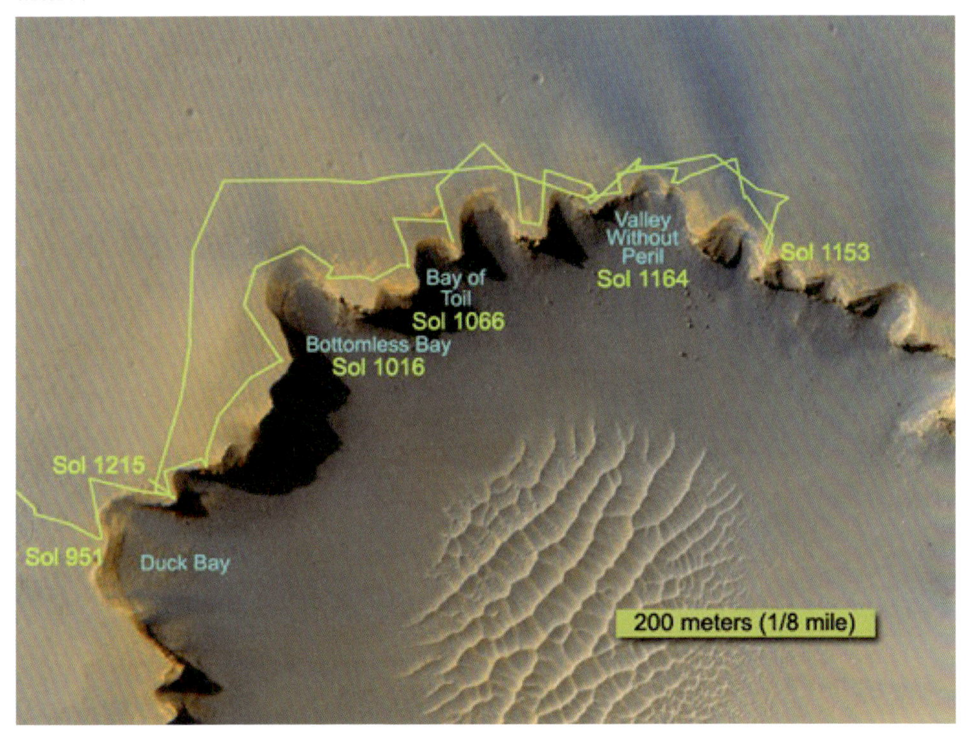

Vom Marsrover Opportunity zurückgelegte Wegstücke an verschiedenen Marstagen (Sol) am Rande des Victoria Kraters.

Der Mars Reconnaissance Orbiter erreichte am 10. März 2006 die Umlaufbahn (Orbit) des Planeten und lieferte mit hochauflösenden Kameras bisher nie erreichte Detailaufnahmen. Die ESA-Marssonde Mars Express fand ein Eisfeld mit 250 km Durchmesser unterhalb der Chryse Planitia. Der Mars Reconnaissance Orbiter entdeckte auch z.B. Löcher mit 150 m Durchmesser und bis zu 80 m Tiefe, die durch Vulkanismus entstanden sein könnten. Die Mars Sonde Odyssey fand Salzablagerungen. Diese könnten ebenfalls nur durch Verdunstung von Wasser entstanden sein. Die Sonde Phoenix landete im nördlichen Polargebiet. Mittels eines Roboters wurden Proben aus 50 cm Tiefe entnommen. Man fand weiße Klümpchen die nach einigen Tagen verschwanden. Es handelt sich um mit Perchlorat vermischtes Wassereis. Bei genügend hoher Konzentration mit Perchlorat kann Wasser bis zu -78 Grad flüssig bleiben.

Sonnenuntergang über dem Gale Krater. Curiosity Mars Rover 15.4.2015. © NASA

Am 6. August 2012 ist das US Mars Science Laboratory erfolgreich auf Mars gelandet. Dieses besitzt ebenfalls einen Rover der weite Strecken auf Mars zurücklegen kann.

Wie geht es in der Marsforschung weiter? 2004 verkündet der amerikanische Präsident G. Bush dass die NASA eine bemannte Marsmission unternehmen sollte. Das wurde als Raumfahrtprogramm Constellation bezeichnet und sollte bis 2037 realisiert werden. Der nachfolgende Präsident Obama hat Constellation aus Kostengründen gestrichen. Darüber hinaus wurde vorgeschlagen auf Mars eine Siedlung zu errichten, Mars to Stay Programm. Menschen sollten zum Mars transportiert werden dort aber bleiben.

Sehenswürdigkeiten auf Mars

Wenn sie vorhaben eine Reise zum Mars zu unternehmen, sollten sie sich folgende Sehenswürdigkeiten nicht entgehen lassen.

Das Große Marstal, Vallis Marineris

Das Vallis Marineris, das große Marstal. Ganz links erkennt man Vulkane.

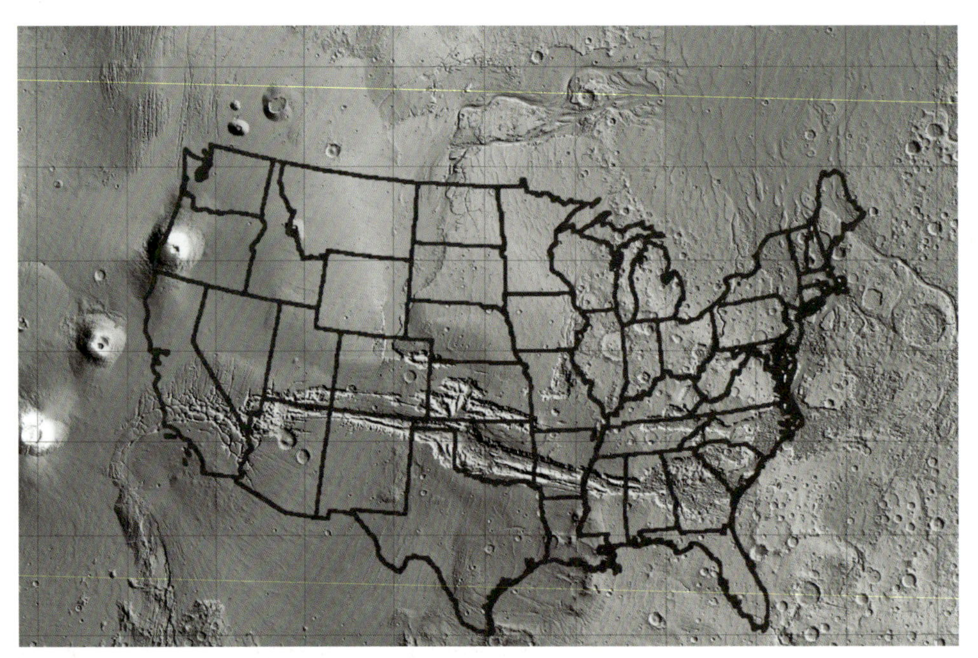

Vergleich Vallis Marineris mit den USA.

So könnte sich der Ausblick bei einem Spaziergang im Vallis Marineris ergeben.

Das Vallis Marineris wurden 1971 von Mariner 9 entdeckte (daher der Name Vallis Marineris, Tal des Mariners). Die Ausdehnungen sind gewaltig: Länge etwa 4000 km, Breite bis 200 km und Tiefe bis 7 km. Es ist durch tektonische Vorgänge entstanden, die auch zur Bildung der Vulkane der Tharsis Region führten. Man findet in den weit verzweigten Kanälen um diese Region auch Eisablagerungen (Frost).

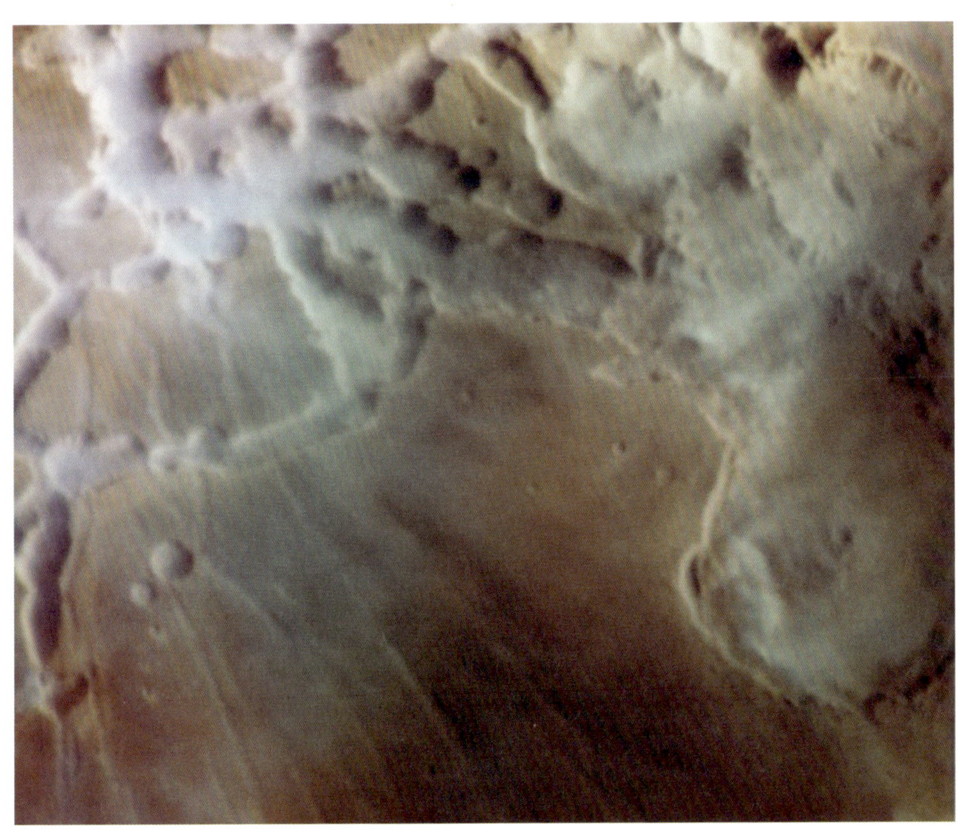

Frostablagerungen in der Region Noctis Labyrinthus. NASA/Viking 1 Orbiter.

Außerdem sollten Sie sich auf Mars den höchsten Berg im Sonnensystem, den Vulkan Olympus Mons nicht entgehen lassen.

Der Olympus Mons erhebt sich etwa 22 km über die lokale Umgebung und besitzt in etwa die Ausdehnung Frankreichs. Es handelt sich um einen Schildvulkan. Anbei eine Liste der höchsten Bergen im Sonnensystem, wobei der kleinste der Mount Everest sei.

Name	Höhe (m)
Olympus Mons (formerly Nix Olympica)	21,171
Ascraeus Mons	18,209
Arsia Mons	17,779
Pavonis Mons	14,037
Elysium Mons	13,862
Maxwell Montes, Venus	11,000
Mauna Kea, Earth (Höchste Erhebung auf Erde)	10,203
Mount Everest, Earth	8,848

Der Mount Everest kommt in dieser Liste erst an achter Stelle.

Der Olympus Mons, der höchste Berg im Sonnensystem. NASA

Die Marsmonde

Mars besitzt zwei winzige Monde: Phobos und Deimos. Sie wurden 1877 von Hall entdeckt. Phobos misst gerade einmal 26,8 x 22,4 x 18,4 km, Deimos ist noch kleiner, er misst 15,0 x 12,2 x 10,4 km. Es handelt sich also um größere Felsbrocken. Möglicherweise sind es eingefangene Asteroiden. Phobos befindet sich nur in 6000 km Entfernung zur Marsoberfläche und umläuft Mars während eines Marstages etwa 3 Mal. Phobos geht also während eines Marstages mehrmals auf und unter. Er befindet sich in einer spiralförmigen Bahn um Mars, sein Abstand zu Mars wird immer kleiner und er wird in 50 Mio. Jahren auf Mars stürzen. Vorher wird er wahrscheinlich auch teilweise durch die Gezeitenkräfte auseinander gerissen und Mars könnte für kurze Zeit einen Ring bilden. Deimos entfernt sich immer weiter von Mars und wird irgendwann entkommen.

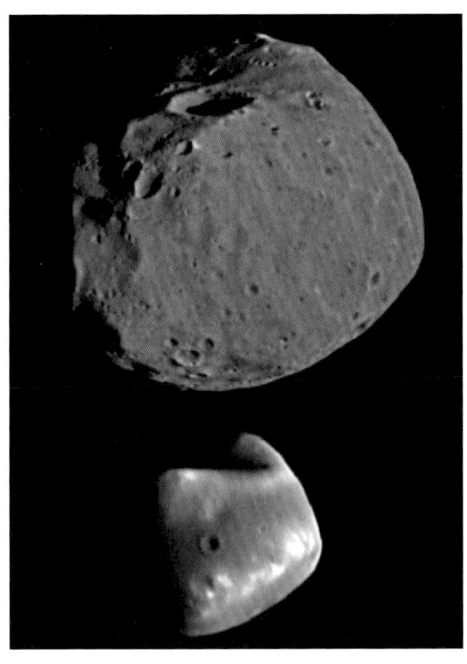

Vergleich der beiden Marsmonde Phobos und Deimos. © NASA

Obwohl die beiden Marsmonde erst mit besseren Teleskopen entdeckt wurden, wurden sie bereits 1726 in Gullivers Reisen (Jonathan Swift) bzw. Micromegas (Voltaire) beschrieben. Während Voltaire diese Vorstellung von Swift übernommen haben könnte, hat Swift selbst seine Vorstellung der Marsmonde von Kepler übernommen. Kepler ging von folgenden Fakten aus: die Erde besitzt einen Mond, von Jupiter kannte man zur Zeit Keplers 4 Monde. Deshalb müsse Mars zwei Monde besitzen (logischerweise dann Saturn 8...).

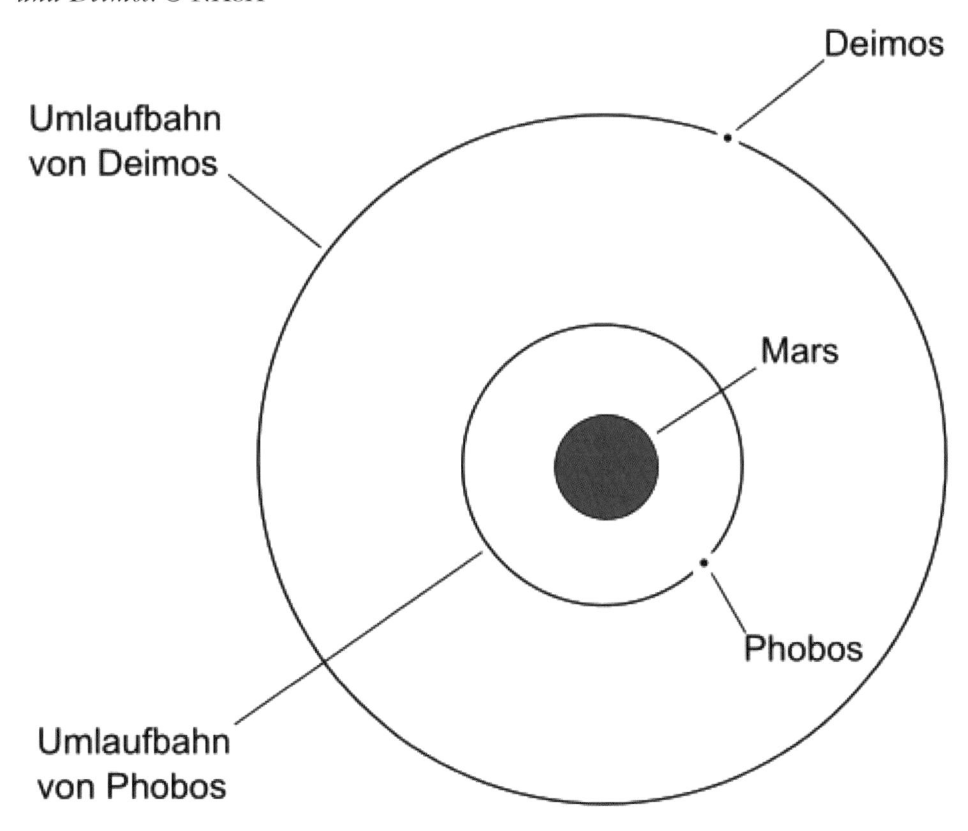

Skizze: Umlaufbahn der beiden Marsmonde Phobos und Deimos.

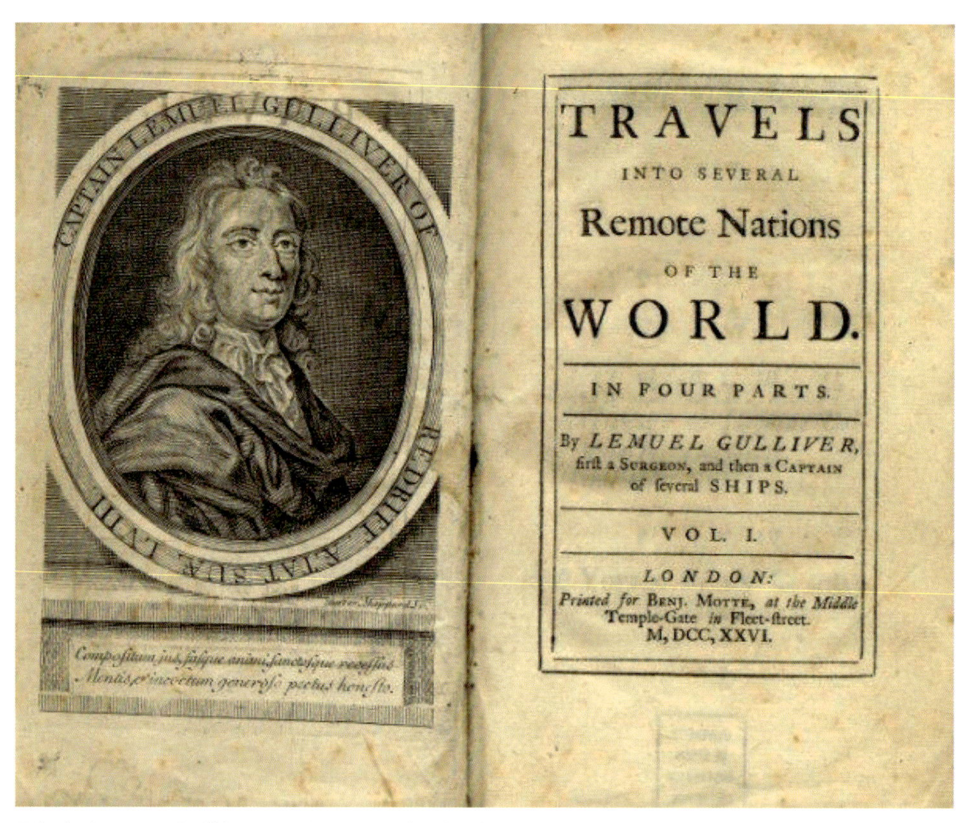

TRAVELS
INTO SEVERAL
Remote Nations
OF THE
WORLD.

IN FOUR PARTS.

By LEMUEL GULLIVER,
first a SURGEON, and then a CAPTAIN
of several SHIPS.

VOL. I.

LONDON:
Printed for BENJ. MOTTE, at the Middle
Temple-Gate in Fleet-street.
M, DCC, XXVI.

Titelseite von Gullivers Reisen, wo die beiden Marsmonde 150 Jahre vor deren Entdeckung beschrieben wurden.

Jupiter

Porträt eines Riesenplaneten

Wir kommen nun zu den Riesen-oder Gasplaneten, Jupiter, Saturn, Uranus und Neptun, wobei Jupiter der größte ist. Er ist auch nach Venus meist hellstes sternförmiges Objekt am Himmel und wird nur selten von Mars an Helligkeit übertroffen.

Der Äquatordurchmesser Jupiters beträgt 143.000 km, mehr als das Zehnfache des Erddurchmessers. Die große Bahnhalbachse beträgt 5,2 AE oder 778 Mio. km. Im Perihel steht Jupiter 4,95 AE von der Sonne entfernt, im Aphel 5,46 AE. Die Exzentrizität seiner Bahn beträgt 0,0484. Für einen Umlauf (siderische Umlaufszeit) benötigt Jupiter 11 Jahre und 315 Tage. Die synodische Umlaufdauer beträgt jedoch 398,88 Tage. Das ist rund 30 Tage mehr als ein Jahr; grob gesagt kann man Jupiter in jedem Jahr in einem anderen Tierkreissternbild am Himmel finden. Steht Jupiter also 2016 in der Jungfrau, dann befindet er sich 2017 in der Waage, 2018 im Skorpion usw. Ein Blick durch ein Teleskop zeigt, dass Jupiter abgeplattet ist, sein Poldurchmesser beträgt nur 133.708 km. Jupiter ist der Planet mit den kürzesten Tagen im Sonnensystem, trotz seiner Größe benötigt er nur weniger als 10 Stunden für eine Rotation. Außerdem rotiert Jupiter nicht wie ein starrer Körper sondern am Äquator etwas schneller als an den Polen:

Jupiter: Rotationsdauer am Äquator 9h 50 min
Rotationsdauer an den Polen etwa 9h55min 41s

Der Planet rotiert also differentiell. Seine Rotationsachse ist nur um 3 Grad geneigt. Aufmerksame Leser wissen natürlich sofort, was dies bedeutet: es gibt auf Jupiter keine jahreszeitlichen Effekte.

Jupiters Masse

Jupiter ist nach der Sonne die zweitgrößte Masse im Sonnensystem. Er ist etwa 2,5-mal so massereich wie Merkur, Venus, Erde, Mars, Saturn, Uranus und Neptun zusammen. Im Vergleich zur Sonne aber bleibt seine Masse wieder winzig: Sie beträgt nur 1/1000 der Sonnenmasse. Die Masse Jupiters kann man ganz einfach aus der Bewegung seiner Monde errechnen.

Das Dritte Keplergesetzs lautet:

Das Verhältnis große Bahnhalbachse hoch 3 zu Umlaufdauer zum Quadrat ist proportional zur Summe der beiden Massen.

Machen wir ein konkretes Beispiel:

Jupiter und sein Mond Europa. Die Masse Jupiters sei M_J, die Masse des Mondes Europa M_E. Die große Bahnhalbachse der Umlaufbahn Europas um Jupiter beträgt 670.900 km. Die Umlaufdauer Europas um Jupiter beträgt 3,55 Tage.

Diese Werte wandeln wir in Sekunden bzw. Meter um:

3,55 Tage =3,55 x 86400 s; a, große Bahnhalbachse =670,9 x 10^6 m.

Das dritte Keplergesetz lautet:

$a^3/T^2=G/4\pi^2 (M_J+M_E)$

Wir können die Masse der Europa im Vergleich zu Jupiter vernachlässigen und man findet (G=6,67 x 10^{-11} die Gravitationskonstante) die Masse Jupiters: 1,9 10^{27} kg.

Übrigens: mit dem Dritten Keplergesetz kann man in sehr vielen Fällen Massen bestimmen. Das Kochrezept dazu lautet: Finde einen großen massereichen und einen kleinen, leichten Himmelskörper die einander umkreisen. Man muss die Dauer des Umlaufs des kleineren um den größeren kennen, sowie die große Bahnhalbachse der Bewegung. Daraus folgt die Masse des größeren Körpers. So bestimmt man auch einfach die Masse der Sonne aus der Bewegung der Erde um diese.

Größenvergleich zwischen Jupiter und Erde .

Die Atmosphäre Jupiters

Jupiter ist wie gesagt ein Gasplanet, es gibt keine feste Oberfläche, man könnte also auf Jupiter nicht mit einem Raumschiff landen, sondern man würde einfach immer tiefer in die dichter werdende Atmosphäre eintauchen. Jupiter besitzt eine Atmosphäre in der zahlreiche Strukturen zu sehen sind. Man erkennt Bänder, die parallel zum Äquator angeordnet sind sowie Wirbel. Der bekannteste und größte Wirbel ist der große rote Fleck. Dieses Phänomen wurde bereits 1664 von Robert Hooke beschrieben und ist ein riesiges Antizyklongebiet (Wirbelsturm, allerdings im Gegensatz zur Erde ein Hochdruckgebiet). Weshalb halten sich in Jupiters Atmosphäre Wirbelstürme über Jahrhunderte? Es fehlt an der Abbremsung; Jupiter besitzt keine feste Oberfläche. Auf der Erde verlieren Wirbelstürme an Kraft infolge Abbremsung an den Landmassen, die zu den Zerstörungen führen. Der Große Rote Fleck besitzt eine maximale Ausdehnung von zwei Erddurchmessern.

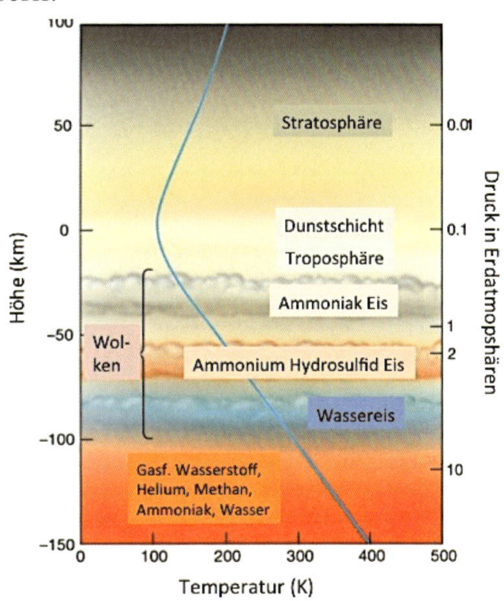

Der Große Rote Fleck auf Jupiter.

Bereits in kleinen Teleskopen erkennt man dunkle Streifen und helle Zonen auf Jupiters Oberfläche. Die helleren Bänder nennt man Zonen, die dunkleren Gürtel. Die hellen Zonen enthalten aufsteigende Gase. Die helle Farbe stammt von Ammoniakeis. Die dunkleren Zonen enthalten Verbindungen von Phosphor, Schwefel und Kohlenwasserstoffen. Die Wolkendecke Jupiters ist etwa 50 km dick. Es wurden auch Blitze beobachtet. Es ist auf Jupiter ziemlich kalt, da er weniger Einstrahlung von der Sonne erhält, allerdings besitzt er auch eine starke innere Energiequelle. Die mittlere Temperatur liegt bei 165 K, das sind -108 Grad C.

Die Schichten in Jupiters Atmosphäre.

Es gibt Schichten mit unterschiedlichen Wolken und sogar eine Zone in Jupiters Atmosphäre wo angenehme Temperaturen und Drücke herrschen.

In den Außenbereichen besteht Jupiter zu fast 90 % aus Wasserstoff und 10 % aus Helium.

Das Innere Jupiters

Dringt man in das Innere Jupiters in Richtung Kern vor, nehmen Druck und auch Temperatur zu. Der Wasserstoff wird dann flüssig. Bei einem Druck von 300 Mio. Erdatmosphären in einem Bereich tiefer als etwa 0,78 des Jupiterradius' wird das Wasserstoffgas elektrisch leitfähig. Man spricht auch von metallischem Wasserstoff. Innerhalb von etwa 0,25 des Jupiterradius vermutet man einen felsigen festen Kern mit ungefähr der 20-fachen Erdmasse.

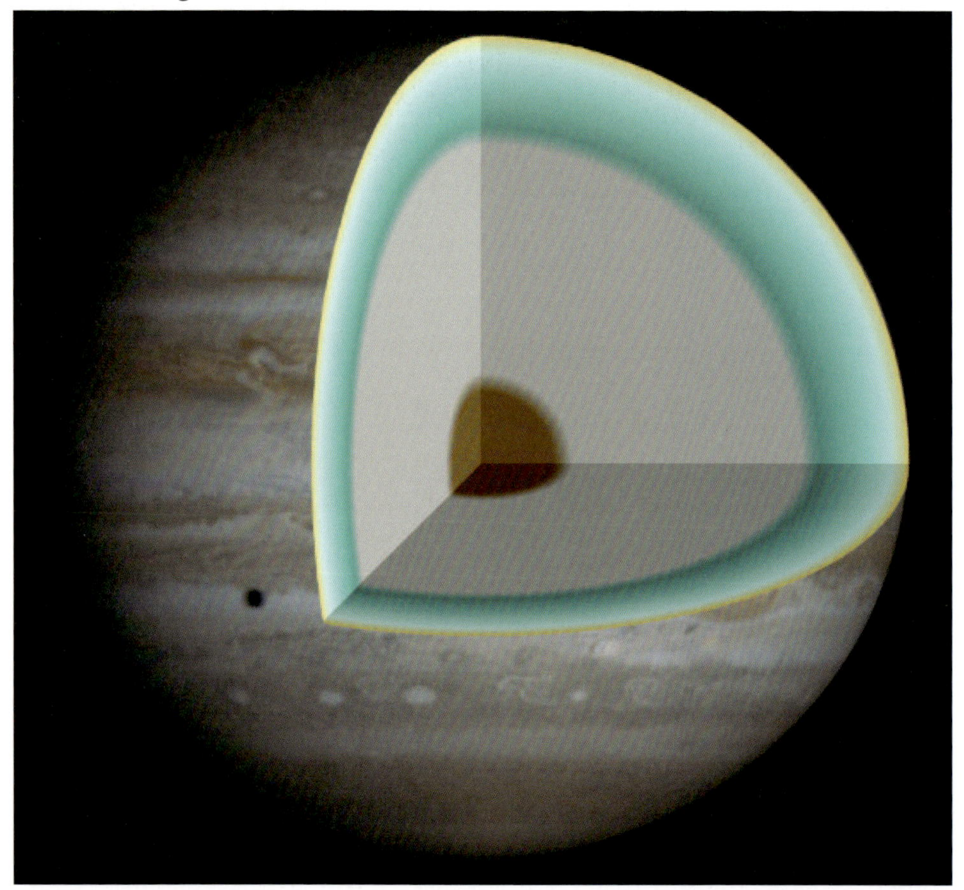

Skizze zum Aufbau Jupiters, innerer fester Gesteinskern, metallischer Wasserstoff, flüssiger Wasserstoff.

Jupiter strahlt mehr Energie ab, als er von der Sonne erhält. Dafür sind zwei Effekte verantwortlich. Der Kern kühlt langsam ab, etwa um 1 K pro Jahrmillion und Jupiter schrumpft um etwa 3 cm pro Jahr, wodurch ebenso Energie frei wird.

Jupiter besitzt ein sehr starkes und von allen Planeten das ausgedehnteste Magnetfeld. In den Umlaufbahnen der beiden Monde Io und Europa hat sich ein Plasmaschlauch aus geladenen Teilchen gebildet. Wichtig für die Entstehung des Magnetfeldes von Jupiter ist das Fließen von Strömen in der Zone wo es metallischen Wasserstoff gibt.

Jupiter besitzt auch ein Ringsystem, das aber erst durch Raumfahrtmissionen entdeckt wurde. Die Ringe bestehen aus sehr kleinen Staubteilchen (ähnlich Zigarettenrauch) und die Teilchen fallen langsam auf Jupiter zu.

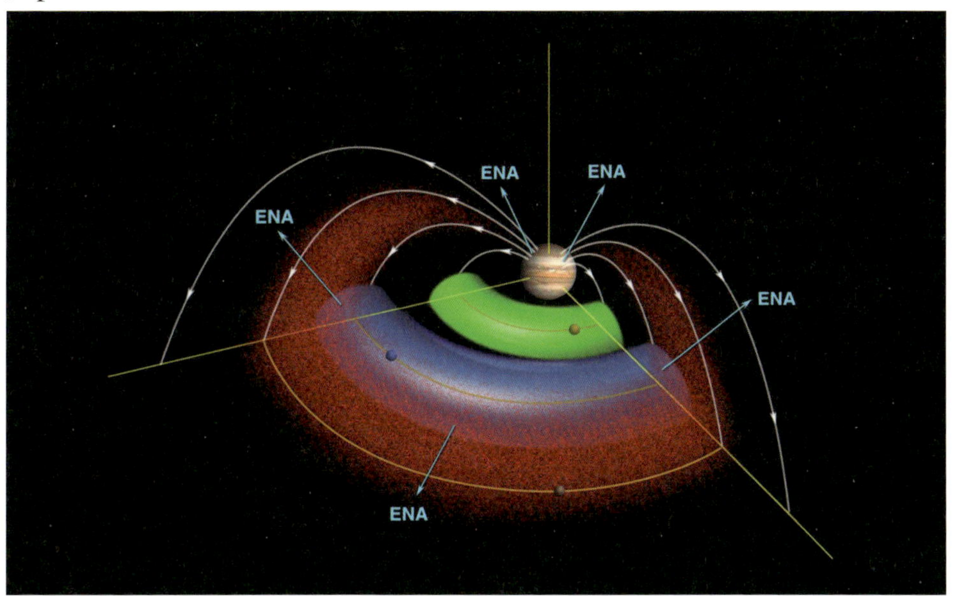

Jupiters Magnetfeld mit dem Plasmaschlauch in der Io Bahn (grün) bzw. der Bahn Europas (blau). ENA steht für energetic neutral Atoms, also Atome, die neutral sind und mit hohen Energien abgestrahlt werden.

Die Galileischen Monde

Jupiter besitzt viele Monde, insgesamt mehr als 60, doch die meisten sind nur wenige km groß und bei vielen handelt es sich um eingefangene Asteroiden. Die vier größten Monde des Jupiter können jedoch schon mit einem Fernglas gesehen werden und wurden bereits von Galileo Galilei entdeckt (1609). Deshalb nennt man sie auch die Galileischen Monde und sie heißen Io, Europa, Ganymede und Callisto. Einige sind etwas größer als unser Erdmond, andere etwas kleiner.

Der innerste der Galileischen Monde ist Io. Sein Abstand zu Jupiter beträgt 421.600km. Dieser Mond gehört zu den Sehenswürdigkeiten im Sonnensystem; er besitzt die meisten Vulkane. Ursachen für diesen Vulkanismus ist die Nähe zu seinem Mutterplaneten, der ein Gasriese ist und Io auseinanderzieht und zusammenstaucht. Die Gezeitenkräfte Jupiters sind etwa 6000 Mal größer als die des Mondes auf die Erde. Dabei entsteht Reibung und Wärme. Die Rotation von Io ist wie die unseres Mondes gebunden. Io besitzt einen Eisenkern und einen Mantel und durch die vulkanischen Ausgasungen eine dünne Atmosphäre aus Schwefeldioxid. Ihr Durchmesser beträgt 3343 km. Übrigens wurde aus der Umlaufdauer der Io von Ole Römer im Jahre 1676 zum ersten Mal die Lichtgeschwindigkeit gemessen.

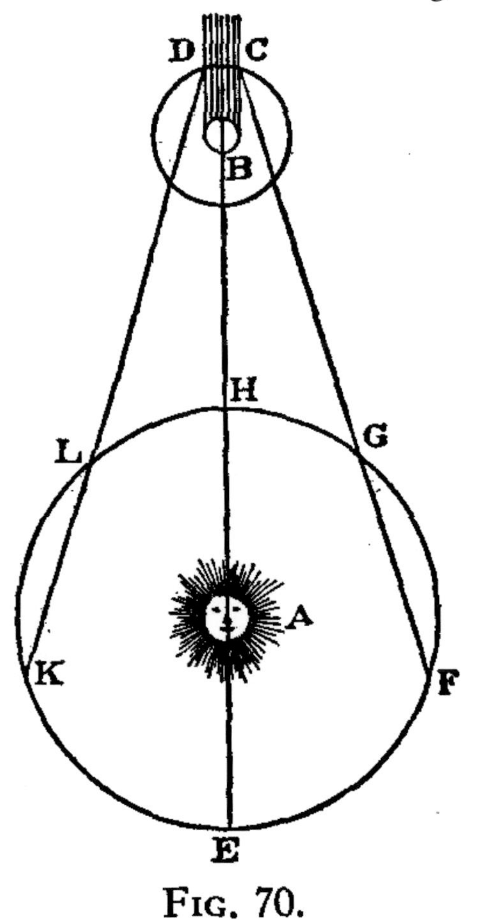

Das Prinzip ist relativ einfach: Die Umlaufdauer von Io um Jupiter ist konstant. Man kann also eine Vorhersage machen wann z.B. Io wieder hinter dem Jupiter steht, also von der Erde aus gesehen von Jupiter verfinstert wird. Dabei zeigt sich: wenn sich die Erde Jupiter nähert, also Jupiter sich seiner Opposition am Himmel nähert, treten die Verfinsterungen etwas früher ein als wenn sich die Erde von Jupiter entfernt. Daraus kann man die Lichtgeschwindigkeit ableiten.

Prinzip der Messung der Lichtgeschwindigkeit. Sonne (A), Erdbahn, Jupiter mit Umlaufbahn der Io. Jupiter (B) wirft einen Schatten und wenn sich Io von C nach D bewegt ist sie von der Erde aus nicht zu sehen (verfinstert). Bewegt sich die Erde von F nach G erscheinen die Verfinsterungen in kürzeren Intervallen aufzutreten, als wenn sich die Erde von L nach K bewegt. Nach Römer.

Die mit Vulkanen übersäte Oberfläche der Io. Die gelbe Farbe stammt von Schwefel. ©NASA

Der interessanteste der vier Galileischen Monde ist jedoch die Europa. Sie ist 670.900 km von Jupiter entfernt, der Durchmesser beträgt 3122 km. Die Umlaufzeit Europas um Jupiter steht zu ihrem inneren Nachbarmond Io in 2:1 Resonanz und zu ihrem äußeren Nachbarmond Ganymed in 1:2 Resonanz. Das bedeutet: während Io 2 Mal um Jupiter läuft, läuft Europa einmal, bzw. wenn Ganymed einmal um Jupiter läuft, läuft Europa zweimal um Jupiter. Europa besitzt eine gebunden Rotation, zeigt also immer dieselbe Hälfte zu Jupiter.

Somit ist Europa etwas kleiner als unser Mond. Bereits Beobachtungen von der Erde aus ließen eine extrem glatte Oberfläche vermuten, die sehr stark reflektiert, sie besitzt eine hohe Albedo. Die Albedo eines Himmelskörpers ist ein Maß für dessen

Potomontage: Jupiter und die vier Galileischen Monde: Io (oben), Europa, Ganymed und Callisto (ganz unten). Bei Jupiter sieht man den großen roten Fleck.

Rückstrahlungsvermögen. Je höher der Wert, desto stärker das Rückstrahlungsvermögen. Dunkle Körper besitzen eine geringe Albedo.

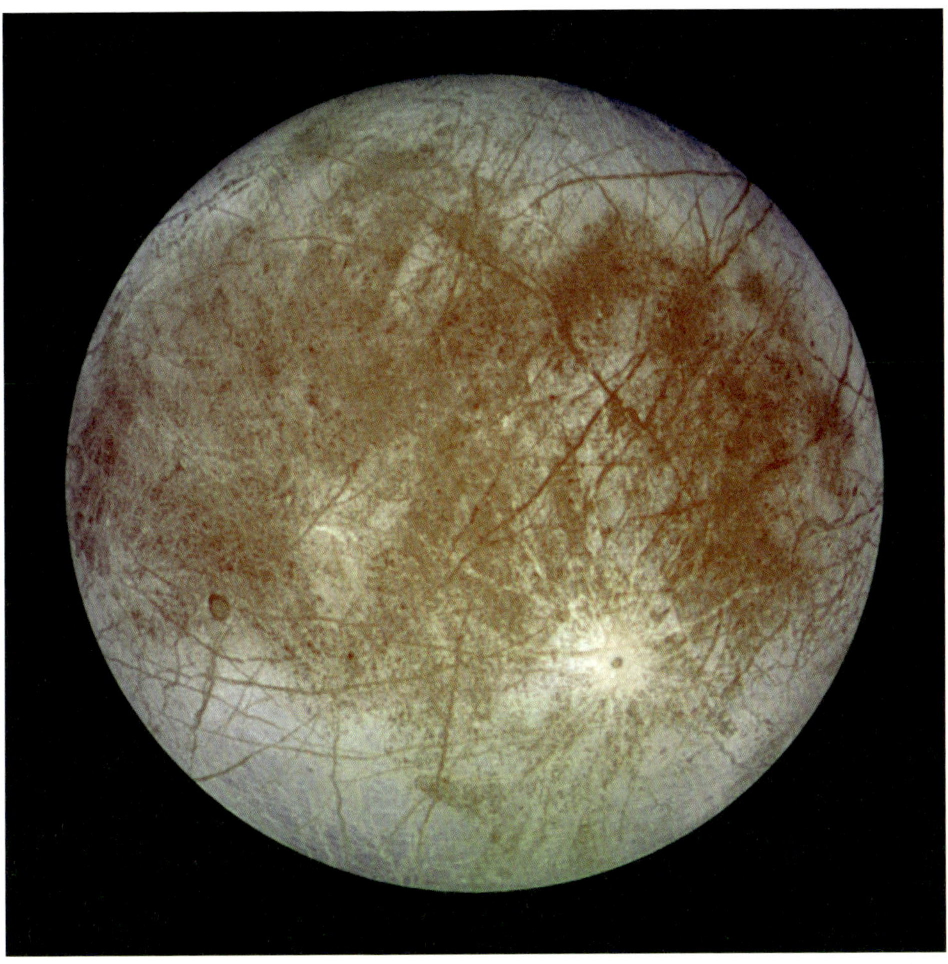

Europa, eine glatte von Furchen durchsetzte Oberfläche. © NASA

Zurück zu Europa; man überlege sich einmal, was sehr stark reflektiert und glatt zugleich ist? Die Antwort ist einfach: Eis. Satellitenaufnahmen bestätigten die Vermutung, dass Europa von einem Eispanzer überzogen ist. Aber es wird noch spannender. Auch dieser Mond ist den starken Gezeitenkräften Jupiters ausgeliefert und deshalb gibt es mit sehr hoher Wahrscheinlichkeit unterhalb der Eiskruste, deren Dicke einige km betragen dürfte, einen Ozean aus flüssigem Wasser, welcher mit Salzen angereichert ist. Dieser Ozean könnte bis zu 100 km tief sein. Die große Frage für die Astrobiologie ist nun, ob es in diesem Ozean zur Entstehung von Leben gekommen sein könnte. Man findet auf Europas Oberfläche braune furchenartige Strukturen die zumindest aus organischem Material bestehen dürften.

Detailansicht der Oberfläche Europas. Die Furchen und Gräben könnten von Geysiren stammen. © NASA

Europas Oberfläche ist sehr jung, man vermutet Kryovulkanismus. Kryos stammt aus dem Griechischen und bedeutet kalt. Kryovulkane sind also im Gegensatz zu den Vulkanen die wir z.B. auf der Erde kennen kalt. Es kommt zum Austreten von kalter Flüssigkeit die an der Oberfläche gefriert.

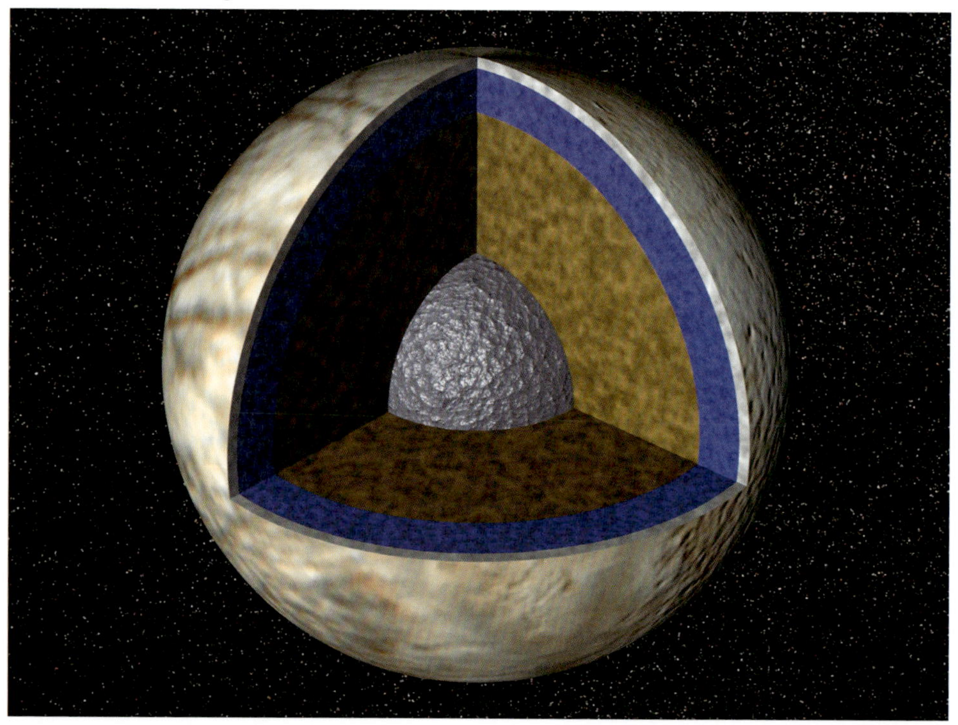

Aufbau des Jupitermondes Europa: Eispanzer, Ozean aus Wasser, Mantel, Kern. © NASA.

Der nächste der Galileischen Monde ist zugleich der größte im Sonnensystem: Ganymed. Mit einem Durchmesser von 5262 km ist er sogar größer als der Planet Merkur (Durchmesser 4878 km). Seine Entfernung zu Jupiter beträgt 1.070.000 km. Auch er besteht aus einem Eisenkern, Felsmantel und einer Eiskruste. Er benötigt zu einem Umlauf um Jupiter bereits 7 Tage und 3 Stunden. Ganymed besitzt auch ein Magnetfeld.

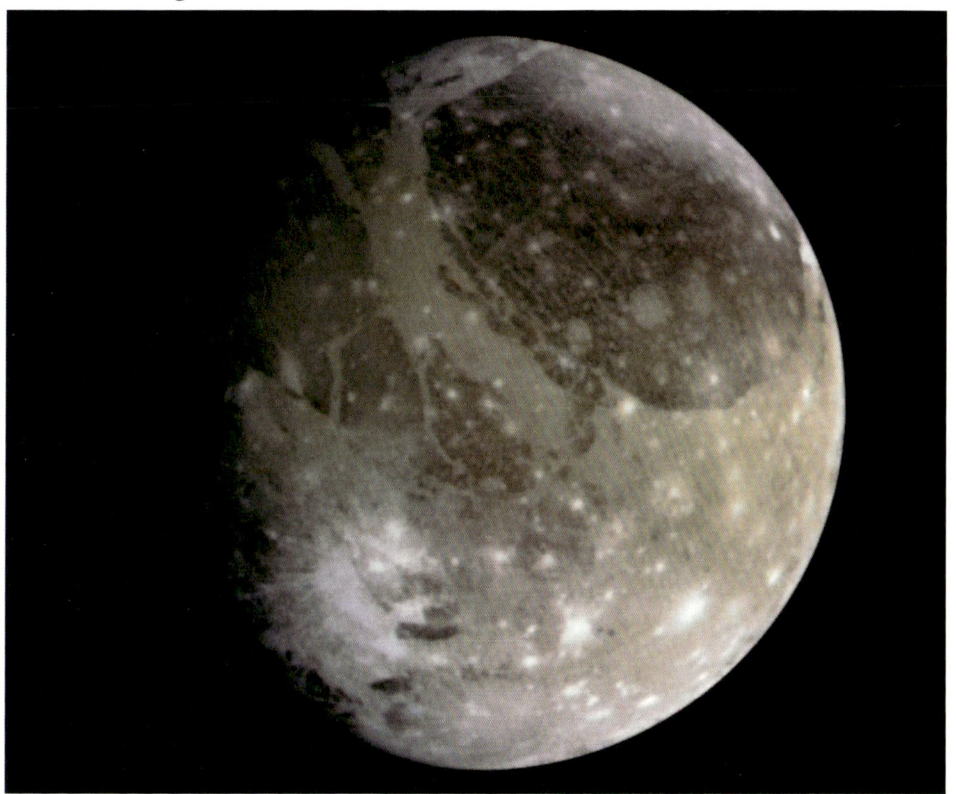

Der größte Mond im Sonnensystem, Ganymed.

Schließlich haben wir als vierten und äußersten der Galileischen Monde, Callisto. Seine Entfernung zu Jupiter beträgt 1.883.000 km. Sein Durchmesser beträgt etwa 4880 km. An seiner Oberfläche hat man Kohlenstoff- und Stickstoffverbindungen gefunden. Es dürfte auch in seinem Inneren eine Schicht mit flüssigem Wasser geben, die Kruste ist aber mehr als 100 km mächtig. Dieser Ozean wird jedoch durch radioaktiven Zerfall der Elemente erhitzt, im Gegensatz zu Europa, wo Gezeitenwärme wirkt. Interessant ist auch, dass man bei Callisto eine dünne Atmosphäre aus Kohlendioxid und möglicherweise Sauerstoff gefunden hat. Suchen wir also nach Leben im Sonnensystem müssen wir neben Mars unbedingt zumindest Europa, Ganymed und Callisto mit einbeziehen.

Jupitermond Callisto.

Weitere Monde des Jupiter

Insgesamt kennt man heute 67 Monde des Jupiters. Davon dürften aber nur 8 Monde genuin sein, also mit Jupiter entstanden. Die anderen sind eingefangene Asteroiden. Eingefangene Monde bewegen sich oft auf hohen Bahnneigungen und laufen retrograd um den Planeten, also nicht im Sinne der Rotation des Planeten.

Die kleineren Monde sind unregelmäßig geformt.

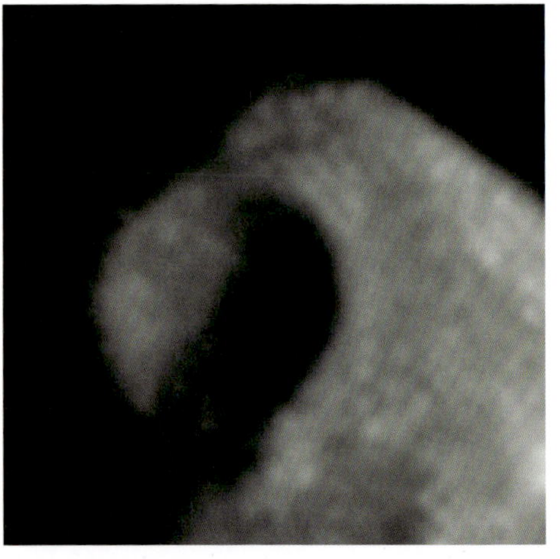

Thebe, ein Beispiel eines unregelmäßig geformten Jupitermondes. Der Mond besitzt eine Ausdehnung von 116 x 98 x 84 km. © NASA

Die Erforschung des Jupitersystems mit Raumsonden

Jupiter wurden bereits mit mehreren US-Raumsonden erkundet. Pioneer 11 wurde am 6. April 1973 gestartet und erreichte am 1. September 1979 das Jupitersystem. Es wurden die ersten detaillierten Bilder von Jupiter zur Erde gefunkt.
Die Monde des Jupitersystems wurden mit Voyager 1 (gestartet 5. September 1977, Ankunft 13. Nov. 1980) und Voyager 2 (gestartet 20. August 1977, Ankunft 26. August 1981) untersucht und die hier wiedergegeben Aufnahmen stammen Großteils von diesen Missionen.

Die Galileo Raumsonde startete am 18. Oktober 1989 und erreichte das Jupitersystem am 10. Februar 1990. Hier war auch die europäische Raumfahrtbehörde ESA beteiligt. Die Mission bestand aus zwei Teilen. Der Orbiter umkreiste den Jupiter, eine Probe drang in die Jupiteratmosphäre ein. (7. Dez. 1995) Im Sommer 2016 erreichte die Raumsonde Juno den Jupiter und wird sich Jupiters Wolkendecke bis auf eine Entfernung von 4000 km nähern. Die Jupitermonde wird sie allerdings nicht untersuchen, da sich diese in der Äquatorebene des Jupiters bewegen und die Sonde den Jupiter auf einer polaren Umlaufbahn umkreist. Im Jahre 2030 werden Jupiters Monde von der Mission JUICE besucht.

Saturn – der Ringplanet

Saturn – Grunddaten

Obwohl auch Jupiter, Uranus und Neptun Ringe besitzen, verbindet man mit Saturn den Ausdruck Ringplanet. Der Planet ist von einem hell leuchtenden Ring umgeben, der auch bereits mit kleineren Teleskopen gut erkennbar ist.

Die große Halbachse des Planeten beträgt 9,58 AE, das sind 1433,5 Mio. km. Die Distanz im Perihel beträgt 9,04 AE, im Aphel 10,12 AE. Die Siderische Umlaufszeit des Planeten beträgt 29,457 Jahre, die synodische Umlaufdauer beträgt 378,09 Tage. Nach einem synodischen Umlauf ist Saturn in Bezug auf die Erde wieder in derselben Stellung. Wenn also z.B. am 15. Juni 2017 Saturn in Opposition steht, steht er dann im Jahre 2018 am 27. Juni in Opposition. Sein größter bzw. sein kleinster Abstand zur Erde liegt bei etwa 8 und 11 AE, dem entsprechend ändert sich auch der scheinbare Durchmesser des Planetenscheibchens im Teleskop. Saturn ist der zweitgrößte Planet im Sonnensystem. Sein Äquatordurchmesser beträgt 120.536 km, er ist wegen seiner schnellen Rotation von 10 h 33 min deutlich abgeplattet,

Größenvergleich Erde -Saturn.

der Poldurchmesser beträgt nur 108.728 km. Interessant ist die Masse des Saturn, sie liegt bei etwa 95 Erdmassen, ist also nur etwa 1/3 der Masse des Jupiter obwohl Saturn nur um etwa 20.000 km kleiner also Jupiter ist. Daraus ergibt sich zusammen mit dem Volumen Saturns eine mittlere Dichte von nur 0,68 g/cm^3. Saturn ist von allen Planeten im Sonnensystem der mit der geringsten Dichte, sie ist noch kleiner als die von Wasser.

Die Fallbeschleunigung ist trotz der fast 100-fachen Erdmasse nur bei 10,44m/s^2. Die Rotationsachse ist im Gegensatz zu Jupiter deutlich geneigt; der Winkel beträgt 26,7 Grad. Wir können also auf Saturn jahreszeitliche Effekte beobachten. Die Albedo beträgt 0,47, ein großer Teil der eintreffenden Sonneneinstrahlung wird zurück reflektiert, das ist durch seine dichte Wolkenhülle leicht zu erklären. Wegen der größeren Sonnenferne findet man eine Temperatur von etwa 134 K (-139 Grad Celsius).

Innerer Aufbau und Atmosphäre

Der Aufbau des Saturn ist ähnlich dem des Jupiter: Innerer Kern aus Gestein und Eis, dann folgen eine Schicht aus metallischem Wasserstoff und eine Schicht aus molekularem Wasserstoff.

Die Masse des festen Kerns beträgt 16 Erdmassen, der Kern macht also etwa ¼ der Masse des Saturn aus (bei Jupiter nur 4%). Der Kern ist sehr heiß, bis zu 12.000 K und er kontrahiert langsam. Dabei wird Wärme frei, Saturn strahlt 2,3 mal soviel Wärme ab wie er von der Sonne empfängt.

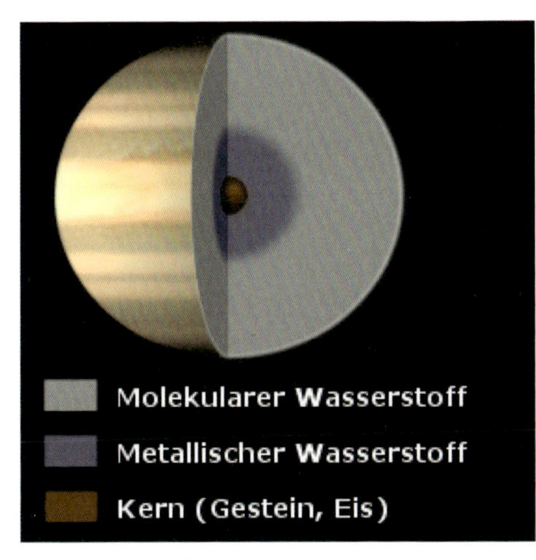

Das Innere des Saturn.

In der Saturnatmosphäre sieht man Wolken die vorwiegend aus auskristallisiertem Ammoniak bestehen. Es gibt eine obere und eine untere Wolkenschicht. Die untere kann man nur im Infraroten beobachten. Am Nordpol des Saturn haben Raumsonden (Raumsonde Cassini, 2006) einen riesigen Polarwirbel gefunden, dessen Ausdehnung 25.000 km beträgt.

Insgesamt geht es in Saturns Atmosphäre sehr stürmisch zu.

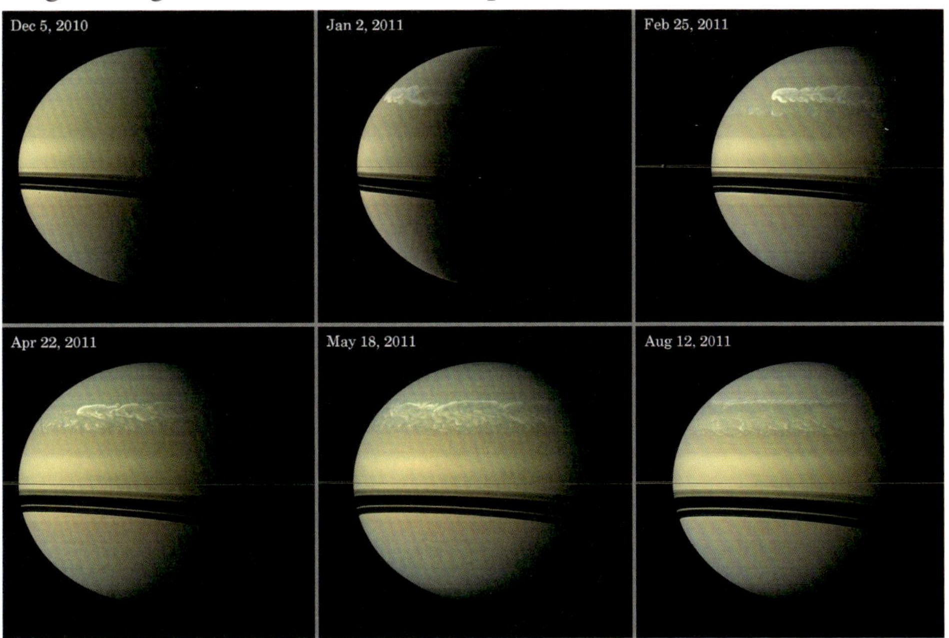

Aufnahmesequenz von Raumsonden Cassini Bildern. ©NASA

Normalerweise sind auf allen Planeten die Polgebiete die kältesten Regionen. Bei Saturn fand man sogenannte Hot Spots sowohl am Nord- als auch am Südpol. Es ist dort also wärmer als in der Umgebung. Wie erklärt man sich diese Hotspots? Atmosphärengas wird nach Norden bewegt. Dabei wird es komprimiert und aufgeheizt. Am Pol selbst sinkt es dann in Form eines Wirbels nach unten ab. Dass komprimiertes Gas sich erwärmt wissen wir von der Fahrradluftpumpe, die beim Pumpen heiß werden kann.

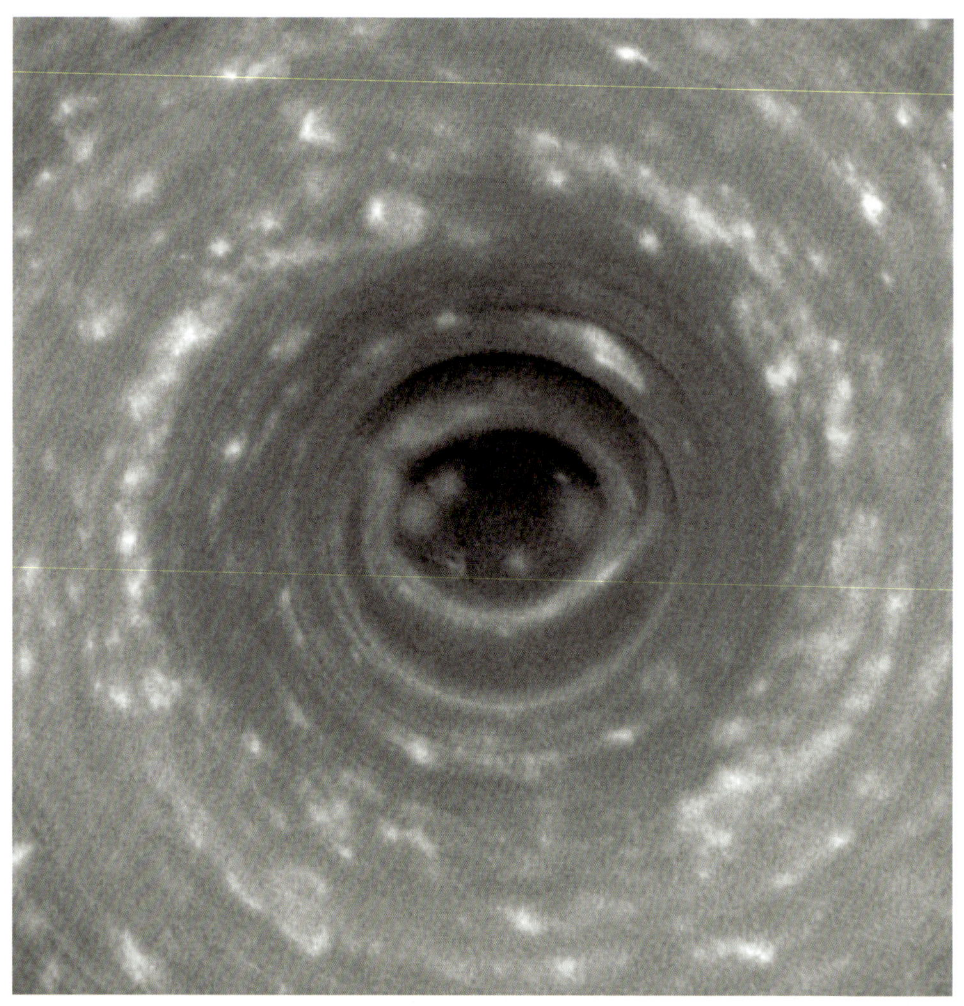

Das Auge des Saturns, ein riesiger Wirbel in der Nähe seines Nordpols. NASA/Cassini Mission.

Saturn besitzt auch ein Magnetfeld, das etwa 20-mal schwächer als das Jupiterfeld ist und etwas schwächer als das Erdmagnetfeld. Das Magnetfeld Saturns reicht nur zeitweise über die Umlaufbahn seines größten Mondes, Titan, hinaus. Das Magnetfeld wird, ähnlich wie bei Jupiter, durch Ströme in der Zone von metallischem Wasserstoff erzeugt. Die Stärke des Magnetfeldes des Saturn reicht jedoch aus, um gegen den Sonnenwind abzuschirmen.

Die Ringe des Saturn

Aufgrund der Neigung der Bahnebene des Saturn zur Erdbahnebene (Ekliptik) sehen wir die Ringe von verschiedenen Positionen aus. Im Extremfall sind die Ringe kaum sichtbar, da wir von der Erde aus gesehen genau auf die dünne Ringkante blicken.

Verschiedene Oppositionen des Saturns; verschiedener Anblick von der Erde aus auf die Ringe. 2025 sind die Ringe von der Kante her zu sehen und daher erscheint Saturn nicht mehr als Ringplanet.

Das Ringsystem Saturn wurde bereits 1610 von Galilei entdeckte. Auf Grund der schlechten Güte seiner Teleskope vermutete Galilei jedoch, dass Saturn ein Planet mit Henkeln sei. Durch den Fortschritt beim Bau von Teleskopen konnte nur 45 Jahre später Christiaan Huygens das Ringsystem eindeutig sehen und auch richtig beschreiben. Im Jahre 1675 hat dann Giovanni Cassini eine große Lücke im Ringsystem entdeckt, die noch heute als Cassini-Teilung bezeichnet wird. Er vermutete auch richtigerweise, dass die Ringe aus vielen kleinen Teilchen bestehen. Neben der Cassini-Teilung gibt es die schwieriger zu beobachtende Encke–Teilung. Die Ringe werfen einen Schatten auf die Saturnoberfläche. Satellitenbeobachtungen zeigen, dass es insgesamt mehr als 100.00 einzelne Ringe gibt. Der innerste Ring befindet sich in einer Entfernung von nur 7000 km über der Saturnoberfläche. Sein Durchmesser beträgt 134.000 km, der äußerste Ring besitzt einen Durchmesser von 960.000 km. Natürlich kreisen die einzelnen unzähligen Ringteilchen um den Saturn. Die inneren Teilchen benötigen dazu 6-8 Stunden, die äußeren Teilchen zwischen 12 und 14 Stunden. Die Lücken der Ringe entstehen durch die Anziehung mit den zahlreichen Monden des Saturns (Resonanz). Resonanzen treten immer dann auf, wenn die Umlaufzeiten im Verhältnis kleiner ganzer Zahlen stehen. Die Cassini-Teilung wird durch den Saturnmond Mimas verursacht. Es gibt auch sogenannte Hirten- oder Schäfermonde, die an der Innen- und Außenseite von Ringen kreisen.

Detailansicht der Saturnringe, Voyager 2 Raumsonde.

Material des Saturnmondes Phoebe verursachte einen viel weiter außen liegenden riesigen Saturnring, der aber nur durch Wärmestrahlung nachweisbar ist. Er befindet sich zwischen 6 und 12 Mio. km um den Saturn und besitzt eine Strahlung die der eines Körpers mit 80 K entsprechen würde. Dieser Ring wurde mit dem Spitzer Weltraumteleskop im Jahre 2009 gefunden.

Aufnahme von Saturnringen (Raumsonde Cassini). Der helle Punkt rechts der Mitte ist unsere Erde. © NASA

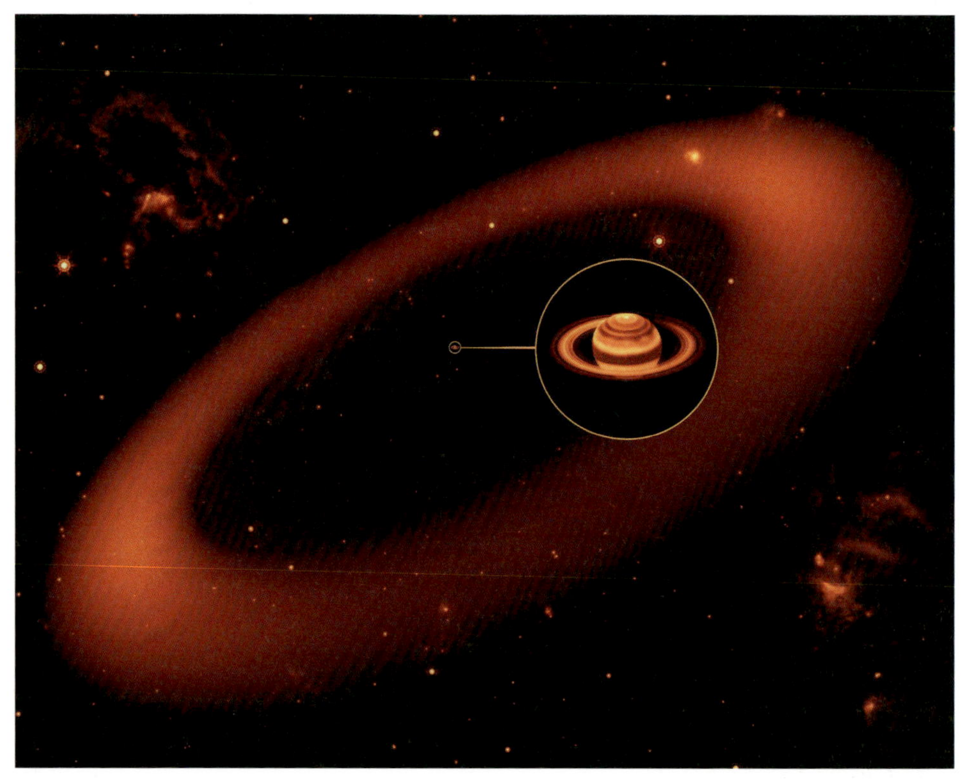

Künstlerische Darstellung des nur im Infraroten sichtbaren Phoebe Ringes des Saturn. NASA/JPL-Caltech/Keck

Die Monde des Saturn

Bisher kennt man 62 Monde des Saturns. Die Monde Rhea, Dione, Tethys und Iapetus besitzen Durchmesser zwischen 1050 und 1530 km. Der größte Saturnmond ist Titan mit einem Durchmesser von 5150 km.

Lange Zeit dachte man, Titan sei der größte Mond im Sonnensystem aber Titan besitzt eine dichte Atmosphäre und deshalb wurde sein Durchmesser überschätzt. Über Titan werden wir im nächsten Kapitel berichten.

Die beiden Saturnmonde Janus und Epimetheus befinden sich auf zwei fast gleichen Umlaufbahnen um den Saturn. Alle vier Jahre kommen sie einander sehr nahe und tauschen ihre Umlaufbahnen um Saturn.

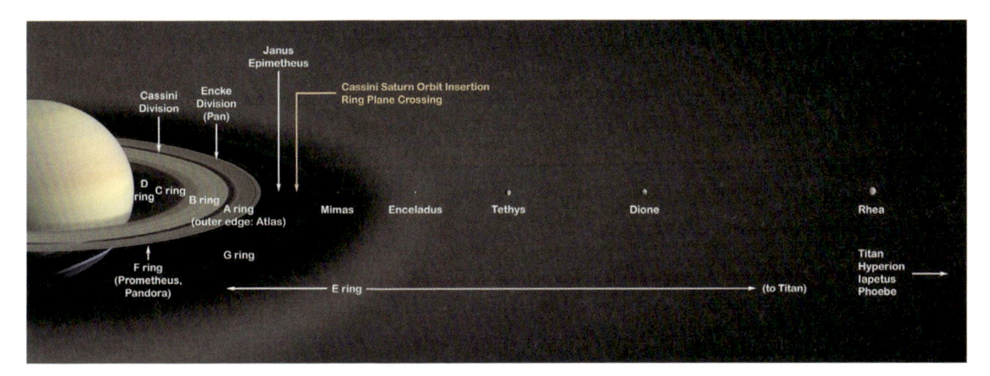

Die inneren Monde des Saturns

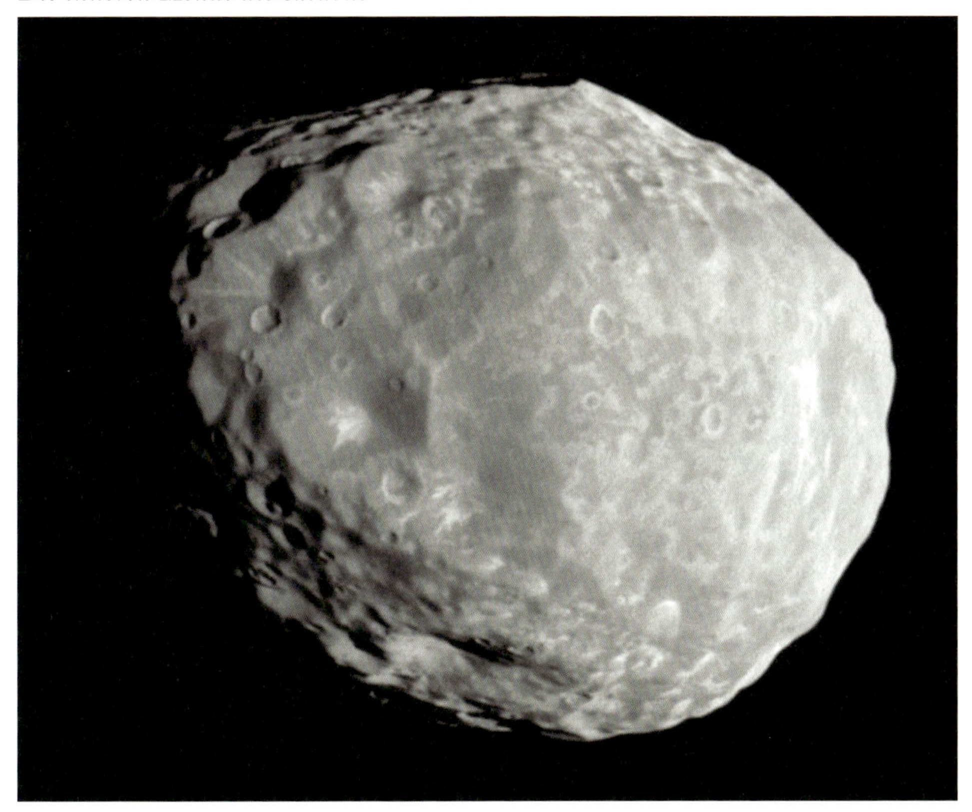

Der Saturnmond Janus. NASA/Cassini.

Cassini Aufnahme der beiden Saturnmonde Janus und Epimetheus. Die beiden tauschten ihre Umlaufbahnen aus. Dabei kamen sie einander bis auf 15.000 km nahe (21.1.2006).(c)NASA/JPL

Janus besitzt eine unregelmäßige Form und ist etwa 170 km groß.

Bei dem Prozess der Annäherung kommen die beiden Monde einander nie mehr als 15.000 km nahe. Das Austauschen der Umlaufbahnen dauert etwa 100 Tage. Die Dichte von Janus ist sehr gering, er dürfte hauptsächlich aus Wassereis bestehen.

Epimetheus ist etwas kleiner als Janus: 135 x 108 x 105 km.

Auch er besitzt eine sehr geringe mittlere Dichte.

Mikrometeoriten schlagen auf die Oberflächen von Janus und Epimetheus ein und aus den weggeschleuderten Staubteilchen bildet sich ein etwa 5000 km breiter sehr dünner Staubring um Saturn aus, der Janus-Epimetheus Ring. Ein ähnliches Phänomen findet sich auch beim Mond Enceladus.

Ein Mond mit Geysiren-Enceladus

Enceladus ist der sechstgrößte Saturnmond. Er wurde 1789 von William Herschel entdeckt. Sein Durchmesser beträgt nur rund 500 km. Die Oberflächentemperatur erreicht kaum mehr als -200 Grad C. Man wurde auf diesen Mond erst durch die beiden Voyager Missionen aufmerksam, wo man eine mit relativ wenigen Kratern bedeckte Oberfläche entdeckte. Dies war ein Indiz für eine relativ junge Oberfläche, deren Alter erst ca. 100 Mio. Jahre betragen dürfte. Die Oberfläche ist hell und reflektiert stark, es handelt sich Großteils um Eis.

Die Cassini Mission fand dann im Jahre 2005 geysirähnliche Strukturen vor allem in der Südpolregion dieses Mondes. In den Geysiren wird Wasser vermischt mit Natriumchlorid freigesetzt und zwar bis zu 200 kg pro Sekunde. Ein Teil dieses Wassers fällt wieder als Schnee auf die Oberfläche. Im Jahre 2014 fand man, zumindest um die Südpolregion herum, Beweise für einen Ozean unter der Oberfläche. Die Dicke dieser Schicht aus flüssigem Wasser dürfte an die 10 Kilometer betragen.

Enceladus befindet sich in einer Entfernung von 180.000 km von Saturns Oberfläche zwischen den Monden Mimas und Tethys. Für einen Umlauf um Saturn benötigt er 32,9 Stunden. Er befindet sich in einer 2:1 Resonanz Bahnbewegung mit dem Mond Dione. Der Mond wird durch die Gezeitenkräfte des Saturns deformiert, was auch mit seiner exzentrischen Umlaufbahn zusammenhängt. Durch die Bahnresonanz mit Dione beträgt die Exzentrizität 0,0047. Enceladus bewegt sich innerhalb des E-Ringes von Saturn und das Material dieses Ringes stammt auch hauptsächlich von Enceladus.

Südpolregion des Saturnmondes Epimetheus.

Cassini Aufnahme: Saturnring, Mond Epimetheus und im Hintergrund den unter einer dichten Atmosphäre verborgenen Mond Titan.

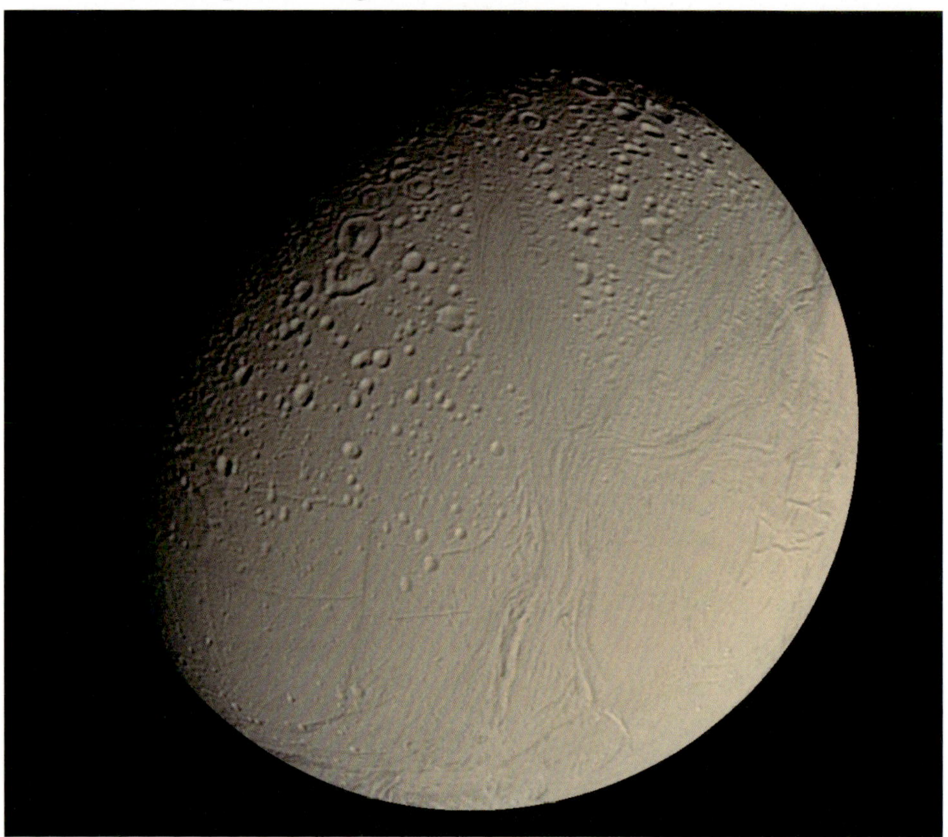

Enceladus, von Voyager 2 aufgenommen. © NASA

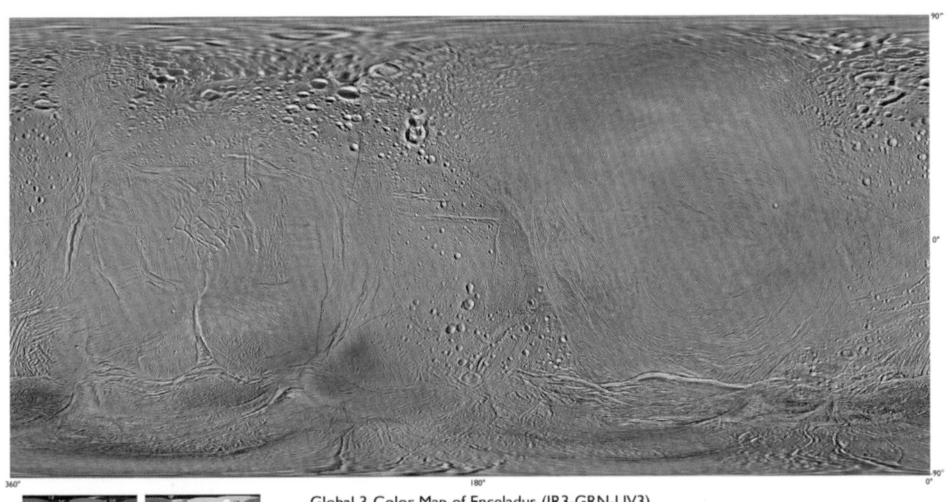

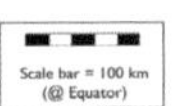

Oberflächenkarte von Enceladus. Cassini-Mission.

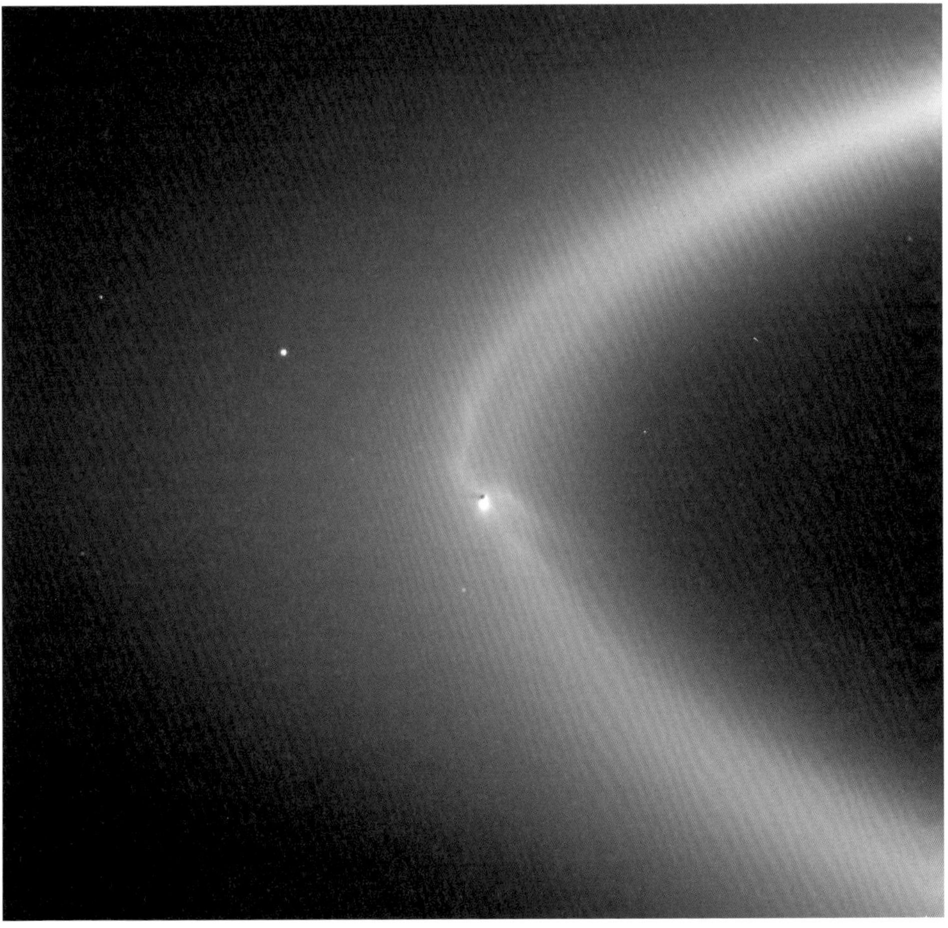

Der sich innerhalb Saturn E-Ringes bewegende Mond Enceladus. Cassini-Mission, 2006

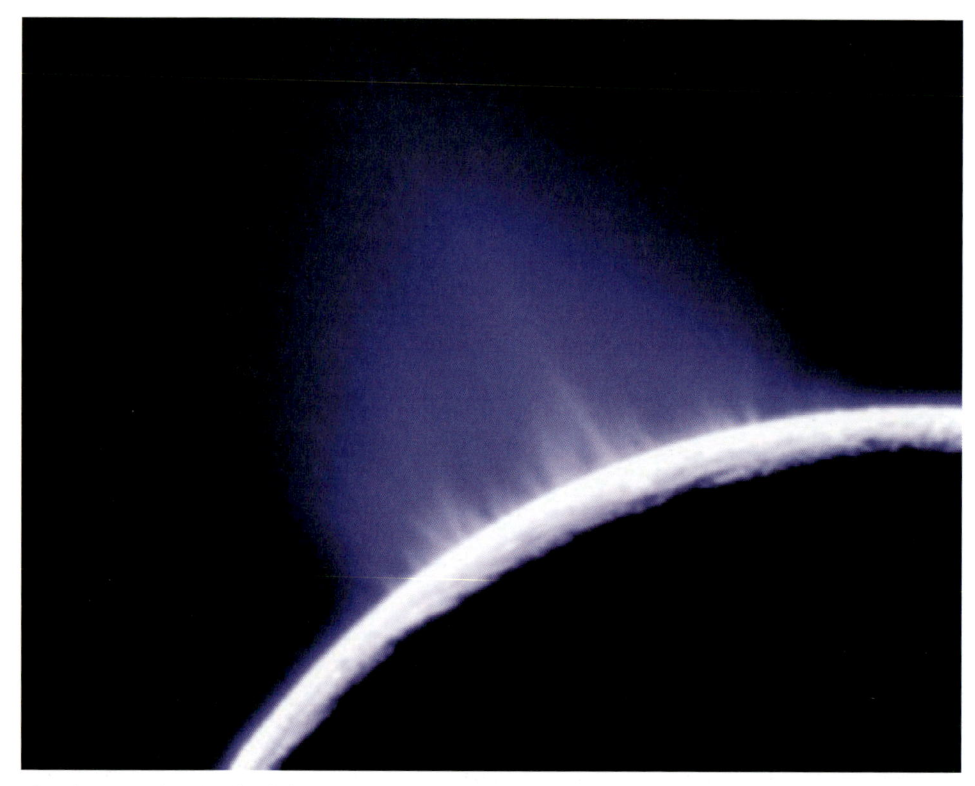

Geysire um den Südpol des Enceladus. ©NASA

Enceladus ist somit wegen des Vorhandenseins von flüssigem Wasser ein interessantes Objekt bei der Suche nach Leben.

Der Saturnmond Titan- Eine frühe Erde?

Der größte Mond des Saturns ist Titan. Er wurde 1655 von Christiaan Huygens entdeckt. Seine Entfernung zu Saturn beträgt 1.200.000 km und ein Umlauf dauert 15 Tage 22 Stunden. Ähnlich wie bei unserem Mond entspricht seine Umlaufperiode der Rotationsperiode. Titan ist nach Ganymed (Jupitermond) der zweitgrößte Mond im Sonnensystem. Der Durchmesser beträgt 5151 km. Früher dachte man Titan sei größer als Ganymed, aber man hatte den Durchmesser Titans zu hoch angesetzt, er besitzt nämlich eine sehr dichte Atmosphäre und erscheint deshalb größer. Die Atmosphäre Titans besteht zu 98,4 % aus Stickstoff, 1,4 % Methan und 0,1-0,2 % Wasserstoff. Die rötliche Farbe seiner Atmosphäre ist so etwas wie Smog. Die UV-Strahlung der Sonne spaltet Methanmoleküle auf, es bilden sich Kohlenwasserstoffe. Durch die UV-Einstrahlung der Sonne sollte nach etwa 50 Mio. Jahren das Methan in Titans Atmosphäre verbraucht worden sein. Es muss also einen Prozess der Nachlieferung von Methan geben, am wahrscheinlichsten durch Kryovulkanismus.

Größenvergleich Erde, Erdmond, Titan.

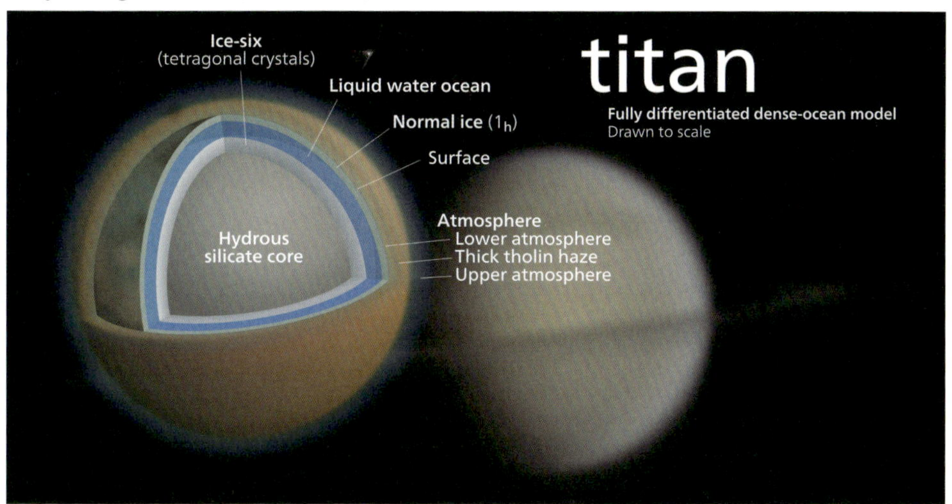

Der Innere Aufbau Titans. Auch hier gibt es wieder einen Ozean aus flüssigem Wasser unter der Oberfläche.

Der Gesteinskern dürfte etwa 3400 Durchmesser besitzen. Das Innere ist noch warm. Es gibt Magma aus Wasser und Ammoniak. Dadurch kann Wasser bis zu -97 Grad Celsius flüssig bleiben. Die Oberflächentemperatur beträgt -180 Grad Celsius, durch Methan wird ein Treibhauseffekt erzeugt, durch Dunst wird der Treibhauseffekt jedoch abgeschwächt. Die Wolken bestehen aus Methan, Ethan und einfachen organischen Verbindungen. Immer wieder kommt es zu Regen von flüssigem Methan auf die Oberfläche wo es Seen aus Methan und Ethan gibt.

Cassini Infrarotaufnahme von Titan; in diesen Wellenlängen kann man Oberflächenstrukturen erkennen, im sichtbaren Licht sieht man wegen der dichten Atmosphäre die Oberfläche nicht. © NASA/ESA

Die Cassini-Mission zum Saturn war eine der erfolgreichsten und spektakulärsten Missionen der Raumfahrtgeschichte. Der Start erfolgte am 15. Oktober 1995. Die Gesamtkosten betrugen mehr als 3 Mrd. USD. Davon bezahlte die europäische Raumfahrtbehörde ESA 500 Mio. Die Funkverbindung mit Saturn dauert je nach dessen Entfernung zwischen 68 und 84 Minuten. Zur Energieversorgung war ein Reaktor mit 33 kg Plutonium 238 an Bord. Die Mission bestand aus einem Orbiter und einem Lander, Huygens Probe genannt. Dieser landete im Jänner 2005 erfolgreich auf der Oberfläche Titans und sendete einige Bilder zur Erde.

Oberfläche Titans. Cassini-Mission, Huygens Lander.

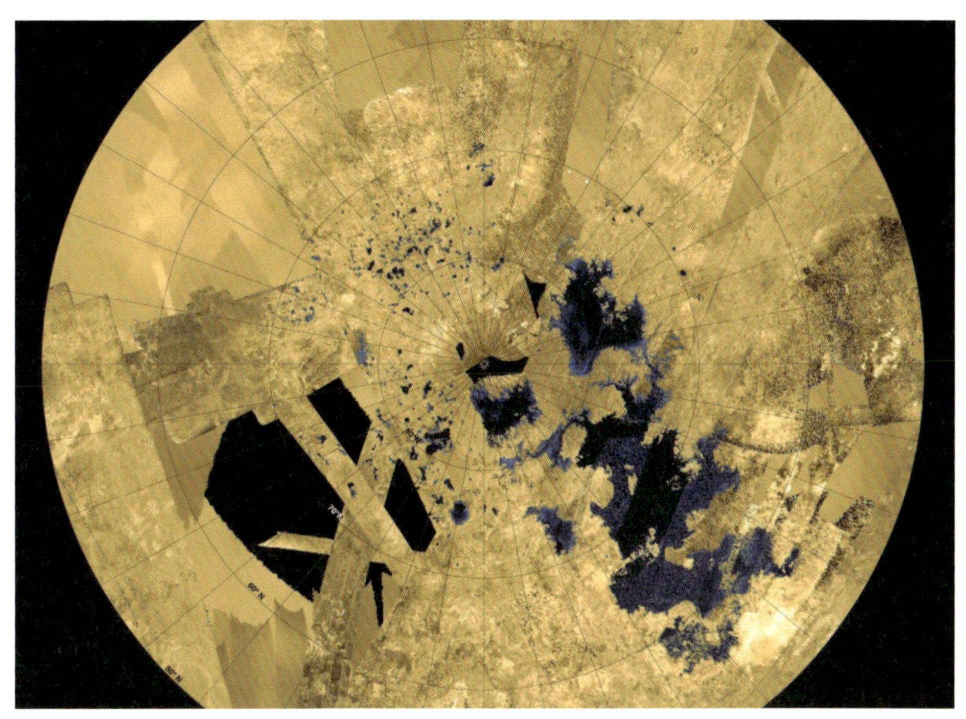

Oberfläche Titans mit Seen aus flüssigem Methan und Ethan (blau, schwarz). Die Bilder entstanden nach der Analyse von mehreren Cassini-Vorbeiflügen an Titan.

Größenvergleich Uranus und Erde .

Der grüne Planet

Uranus ist von der Sonne aus gesehen Planet Nummer 7. Er ist der Planet mit der kältesten Atmosphäre, die Temperatur beträgt -224,2 °C. Uranus kann nicht mehr mit freiem Auge gesehen werden, zumindest nicht von einem nicht sehr geübten Beobachter. Möglicherweise wurde der Planet schon in Karten von Hipparchos im Jahre 128 eingezeichnet, der das Objekt als sich bewegendes Sternchen bezeichnete. Entdeckt wurde dieser Planet von William Herschel im Jahre 1781. Im Teleskop sieht man ein grünlich leuchtendes kleines Planetenscheibchen ohne irgendwelche Oberflächenstrukturen. Uranus ist etwa 20 AE oder 3 Milliarden km von der Sonne entfernt und benötigt 84 Jahre für einen Umlauf um diese. 1783 wurden seine Bahnelemente von Pierre- Simon Laplace genau bestimmt und 1841 erkannte John Cough Adams, dass man die Störungen, die auf seine Bahn wirken, durch die Annahme eines weiteren Planeten jenseits der Uranusbahn erklären kann. Uranus rotiert in 17 Stunden 14 Minuten um seine Achse, die eine starke Neigung aufweist: 97,77 Grad. Die Rotationsachse liegt somit fast in der Bahnebene und man könnte auch sagen dass Uranus um die Sonne rollt.

Wegen dieser extremen Neigung zeigt auch jeder der beiden Pole etwa 42 Jahre lang zur Sonne bzw. befindet sich 42 Jahre lang im Dunkeln. Die ungewöhnliche Neigung könnte durch einen Zusammenstoß des Planeten mit einem erdgroßen Planeten während seiner Entstehung erklärt werden.

Der Aufbau des Uranus

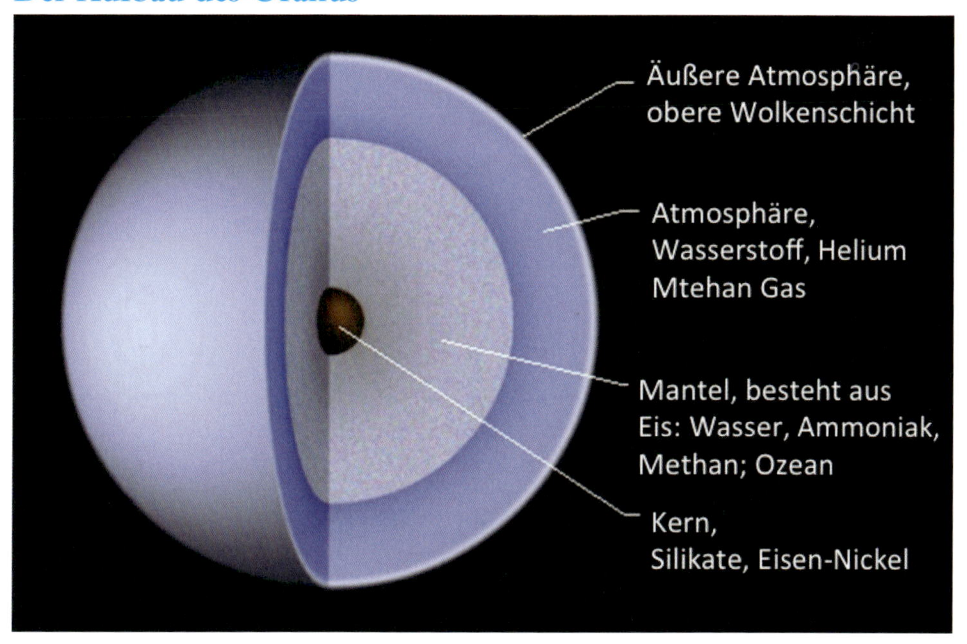

Der Aufbau des Eisplaneten Uranus.

Die Masse des Uranus beträgt 14,5 Erdmassen, er ist somit unter den Riesenplaneten der Planet mit der kleinsten Masse. Der Durchmesser beträgt das Vierfache der Erde und seine Dichte liegt bei 1,27 g/cm^3. Daraus folgt: Uranus besteht hauptsächlich aus verschiedenen Eisen: Wassereis, Ammoniakeis und Methaneis. Der Anteil an den Gasen Wasserstoff und Helium ist wesentlich geringer als bei Saturn und Jupiter. Man bezeichnet Uranus, so wie auch Neptun, als Eisplaneten.

Uranus besteht aus einem relativ kleinen Gesteinskern, dessen Masse nur etwa ½ Erdmasse beträgt. Darüber liegt der Mantel. Dieser besteht aus Wasser-, Ammoniak- und Methaneis. Er macht den größten Teil der Gesamtmasse des Uranus aus. Auch hier vermutet man wiederum einen warmen Ozean. Der Kern des Uranus dürfte um die 5000 K heiß sein. Durch diese Hitze bzw. durch den hohen Druck brechen Methanmoleküle auf und der Kohlenstoff kristallisiert zu Diamant, es könnte also im Inneren des Uranus Hagel aus kleinen Diamantkörnern geben.

Uranus- dunkle Ringe

Bereits William Herschel (1738-1822) äußerte die Vermutung, dass Uranus einen Ring besitzen könnte, aber wirklich beweisbar ist seine Vermutung nie gewesen. Die insgesamt 13 extrem dunklen Ringe des Uranus wurden erstmals im Jahre 1977 durch einen Zufall entdeckt. Man wusste, dass Uranus einen Stern bedecken würde. Dies wollte man ausnutzen, um die Atmosphäre des Uranus zu studieren. Das Sternenlicht geht durch die verschiedenen Schichten der hohen Atmosphäre des Uranus, ehe es total verschwindet. Doch lange bevor das Sternenlicht verschwand, gab es kurzzeitige Verfinsterungen des Sternes durch die Ringe. Die Verfinsterungen ereigneten sich auf der anderen Seit wieder. Damit war klar: Uranus ist von Ringen umgeben.

Uranus mit Ringen. Aufnahme: Hubble-Weltraumteleskop.

Die Ringe des Uranus scheinen sehr jung zu sein und stammen möglicherweise von einem auseinander gebrochenen Mond.

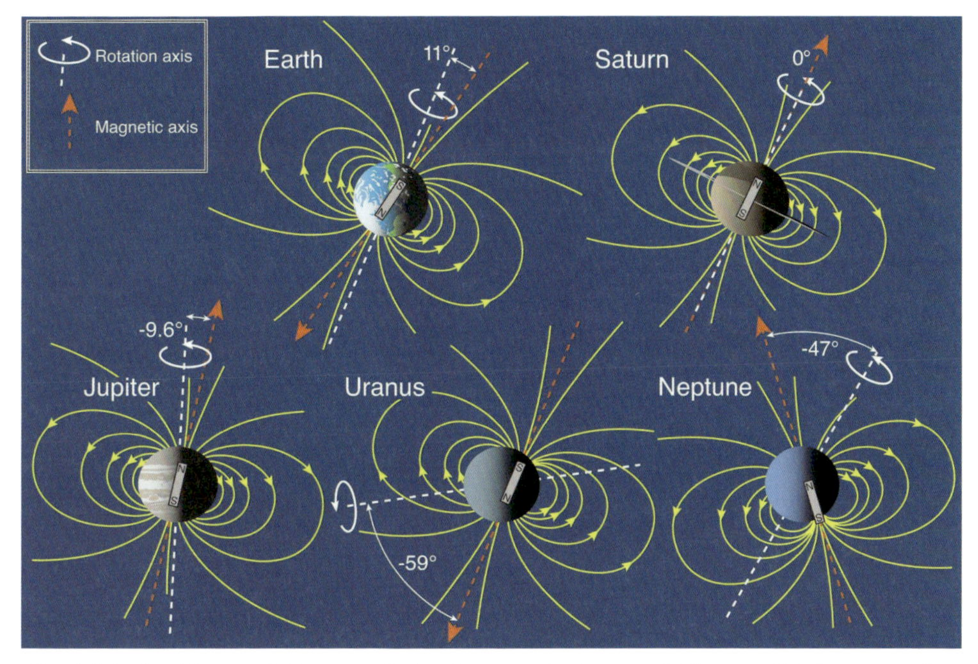

Vergleich der Magnetfelder von Erde, Saturn, Jupiter und Uranus. ©Jolyastonomie

Uranus besitzt auch ein Magnetfeld. Dieses befindet sich jedoch abseits vom Zentrum des Planeten und hat eine sehr starke Neigung von 59 Grad. Man nimmt daher an, dass das Magnetfeld nichts mit einem flüssigen Inneren des Planeten zu tun hat, sondern in dem äußeren salzhaltigen Ozean gebildet wird.

Die Monde des Uranus

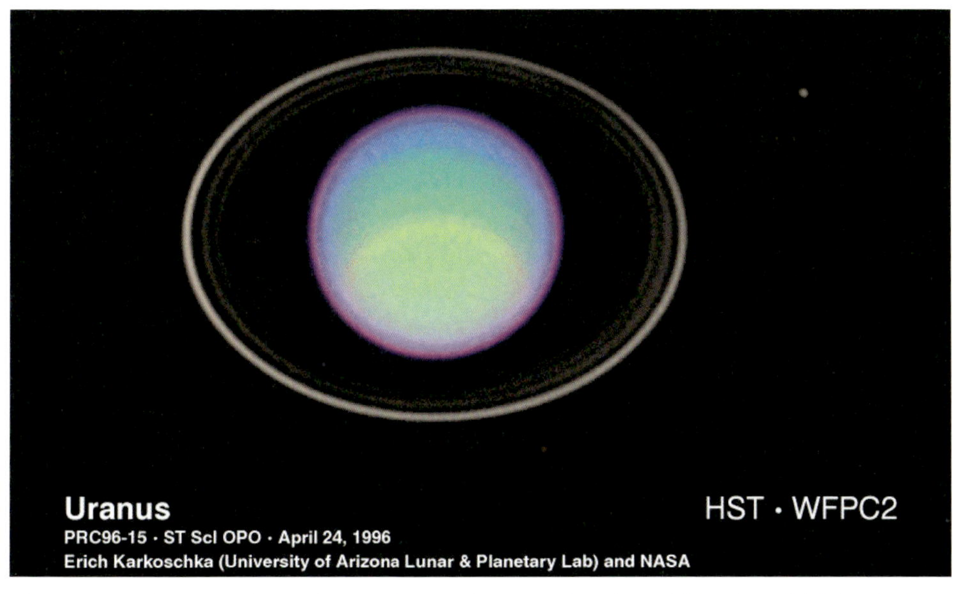

Uranus mit Ringen (der hellste ist der sog. Epsilon-Ring) und Monden. HST-Aufnahme.

Uranus besitzt 27 bekannte Monde. Die fünf größten heißen: Miranda, Aries, Umbriel, Titania und Oberon. Titania ist der größte Mond und besitzt einen Radius von etwa 800 km (das ist die halbe Größe unseres Mondes).

Infrarotbeobachtungen zeigen auf der Oberfläche Titanias Eis und Kohlendioxidablagerungen. Der Mond dürfte auch einen flüssigen Ozean unterhalb seiner Oberfläche besitzen. Man findet auch großen Canyons an der Oberfläche, die relativ jung ist (wenig Krater). Die große Bahnhalbachse beträgt 435.000 km und der Mond benötigt 8,7 Tage für einen Umlauf um Uranus.

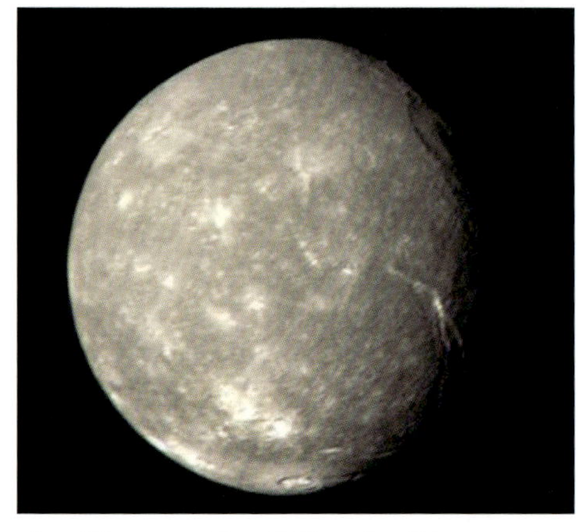

Der Uranus Mond Titania. Voyager 2.

Neptun-der blaue Planet

Entdeckung eines Planeten

Der äußerste der großen Planeten des Sonnensystems ist nur mit einem Teleskop sichtbar. Galilei hatte den Planeten bereits im Jahre 1612 auf Zeichnungen festgehalten ihn aber nicht als Planeten identifiziert. Seine Entdeckung war ein Triumph für die Himmelsmechanik. Die Astronomen Urbain Le Verrier und John Couch Adams machten Vorausberechnungen des Ortes von Neptun auf Grund von Bahnstörungen des Uranus. Johann Gottfried Galle fand dann am Berliner Observatorium im Jahre 1846 tatsächlich den Planeten nahe dem vorausberechneten Ort. Von Erdbeobachtungen aus kann man keine Einzelheiten auf dem winzig erscheinenden Planetenscheibchen erkennen. Neptun ist etwa 4,54 Mrd. km von der Sonne entfernt (30,33 AE). Seine Umlaufperiode beträgt 164,8 Jahre. Der mittlere Radius beträgt 24.622 km, die mittlere Dichte 1,64 g/cm^3.

Neptun besitzt die 17-fache Erdmasse und ist etwas kleiner als Neptun. Der innere Aufbau ist ähnlich dem des Uranus. Der Mantel besteht aus bis zu 15 Erdmassen und ist aus Wasser, Ammoniak und Methan und flüssig. In einer Tiefe von etwa 7000 km kommt es wieder zu Hagel aus Diamantkristallen. Weshalb erscheint die Atmosphäre Neptuns blau, also insgesamt der Eindruck, Neptun ist ein blauer Planet? Methan absorbiert vor allem das rote Licht.

Größenvergleich Erde-Neptun. Man erkennt: Neptun ist tatsächlich der blaue Planet.

Neptun besitzt auch ein Magnetfeld ähnlich wie bei Uranus ist es nicht im Zentrum des Planeten verankert und besitzt auch eine hohe Neigung gegenüber der Rotationsachse.

Die turbulente Atmosphäre Neptuns

In der Atmosphäre Neptuns gibt es sehr starke Winde mit bis zu 600 m/s. Man hat 1989 beim Vorbeiflug der Raumsonde Voyager 2 ein Hochdruckgebiet von einer Ausdehnung von 13000 x 6600 km gefunden. Wegen der dunklen Erscheinung wurde es als Dark Spot bezeichnet. Neptun besitzt also im Gegensatz zu Jupiter (roter Fleck)einen dunklen Fleck. Allerdings konnte dieser 5 Jahre später auf Hubble-Aufnahmen nicht mehr gefunden werden, dafür jedoch neue dunkle Flecken.

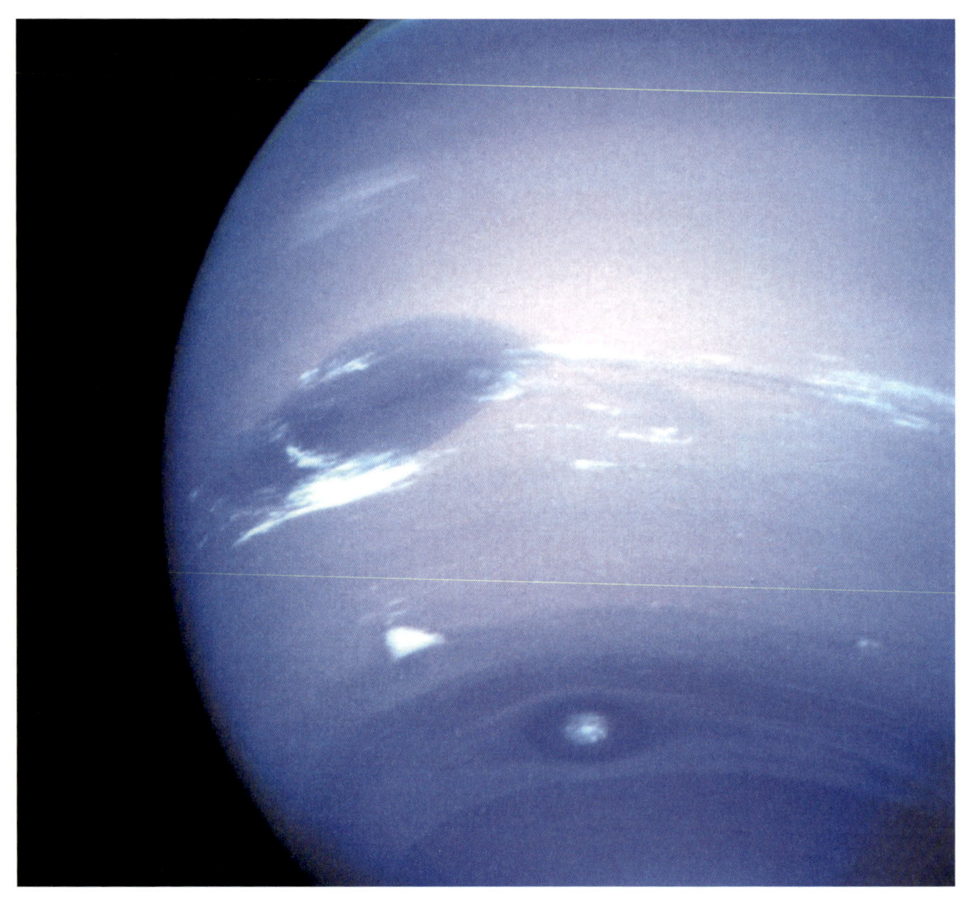

Stürme auf Neptun. Die Voyager 2 Aufnahme zeigt den großen schwarzen Fleck (oben), den hellen weißen „Scooter" und den kleinen dunklen Flecken (unten).

Neptun besitzt Ringe die möglicherweise nicht geschlossen sind, was sich himmelsmechanisch nur schwer vorstellen lässt. Eine wichtige Rolle scheint dabei Neptuns Mond Galatea zu besitzen, der sich innerhalb der Ringe befindet. Jedenfalls scheinen Neptuns Ringe extrem instabil zu sein.

Im Gegensatz zu Uranus strahlt Neptun das 2,61-fache an Energie ab welche er von der Sonne empfängt. Neptun besitzt daher eine innerebisher nicht bekannte Energiequelle und er ist trotz größerer Sonnenferne wärmer als Uranus.

Hohe Wolkenbänder in Neptuns Atmosphäre. © NASA Voyager. Diese Wolken liegen in einer Höhe von etwa 50 km und man sieht, wie sie Schatten werfen.

Die Monde Neptuns

Der größte Mond des Neptun ist Triton. Sein Durchmesser beträgt 2700 km. Triton bewegt sich auf einer retrograden Bahn um Neptun und dürfte ein eingefangenes Objekt des Kuiper-Gürtels sein. Seine Zusammensetzung ähnelt der des Zwergplaneten Pluto. An der Oberfläche findet man gefrorenen Stickstoff. Es gibt eine Eiskruste, weiter innen einen Eismantel und einen Gesteinskern. Triton besitzt eine sehr dünne Atmosphäre, die Temperatur liegt bei -237,6 Grad Celsius. Sie besteht hauptsächlich aus Stickstoff. Auf der Oberfläche gibt es auch Anzeichen von Kryovulkanismus. Geysire transportieren Stickstoff vermischt mit Staub in die hohe Atmosphäre.

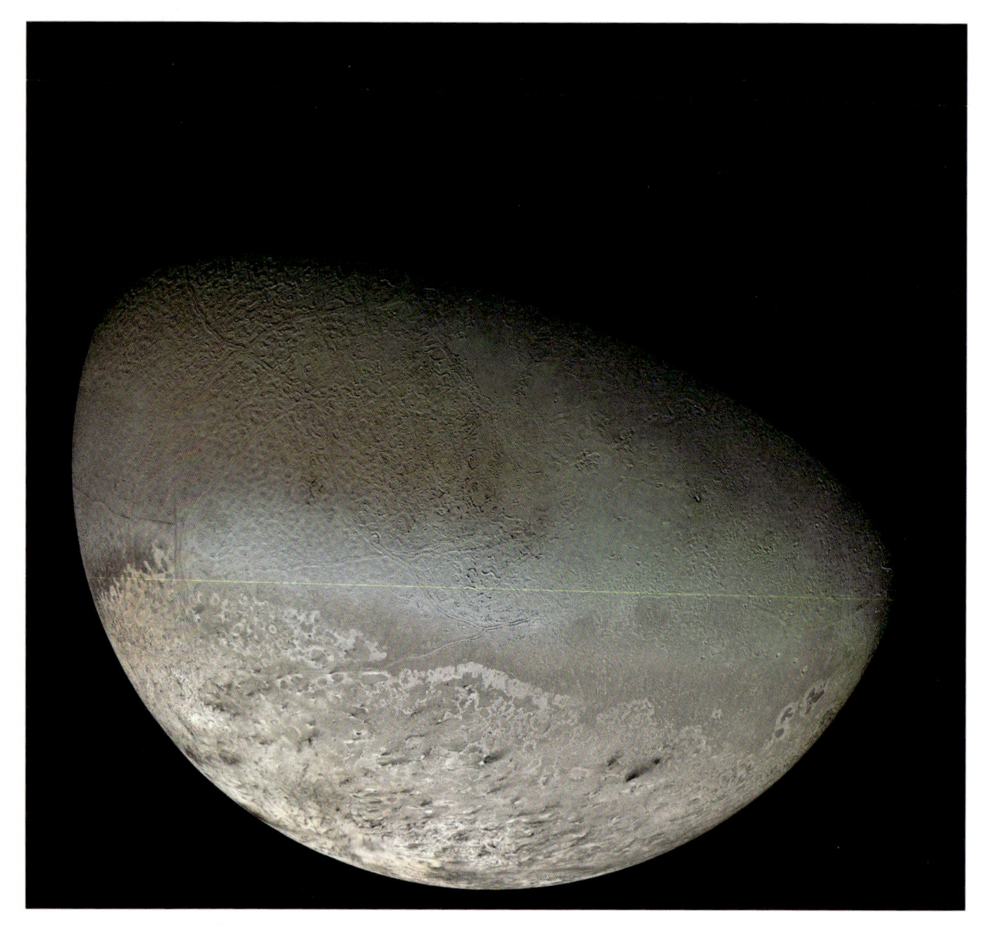

Voyager 2 Aufnahme Tritons.

Unser Platz im Universum

Sind wir alleine im Universum?

Über Leben haben wir schon gesprochen, die Definition ist gar nicht so einfach. Außerdem kennen wir Leben nur in einer Form: das Leben auf der Erde, welches auf Kohlenstoff und flüssigem Wasser basiert. Ob Leben unter völlig anderen Bedingungen denkbar ist erscheint zwar eher unwahrscheinlich, aber ganz auszuschließen ist es nicht. Von allen chemischen Elementen außer Kohlenstoff hätte noch am ehesten Silizium die Fähigkeit komplexe Verbindungen zu bilden. Leben auf Siliziumbasis wurde daher diskutiert. Diese Lebensformen würden sich allerdings sehr stark von allem unterscheiden, was wir von der Erde her kennen. Außerdem würden Lebewesen aus Silizium die Sauerstoff einatmen dann Sande, SiO ausscheiden. Leben auf Siliziumbasis wäre in Umgebungen möglich, wo es kein Wasser und keinen Sauerstoff gibt.

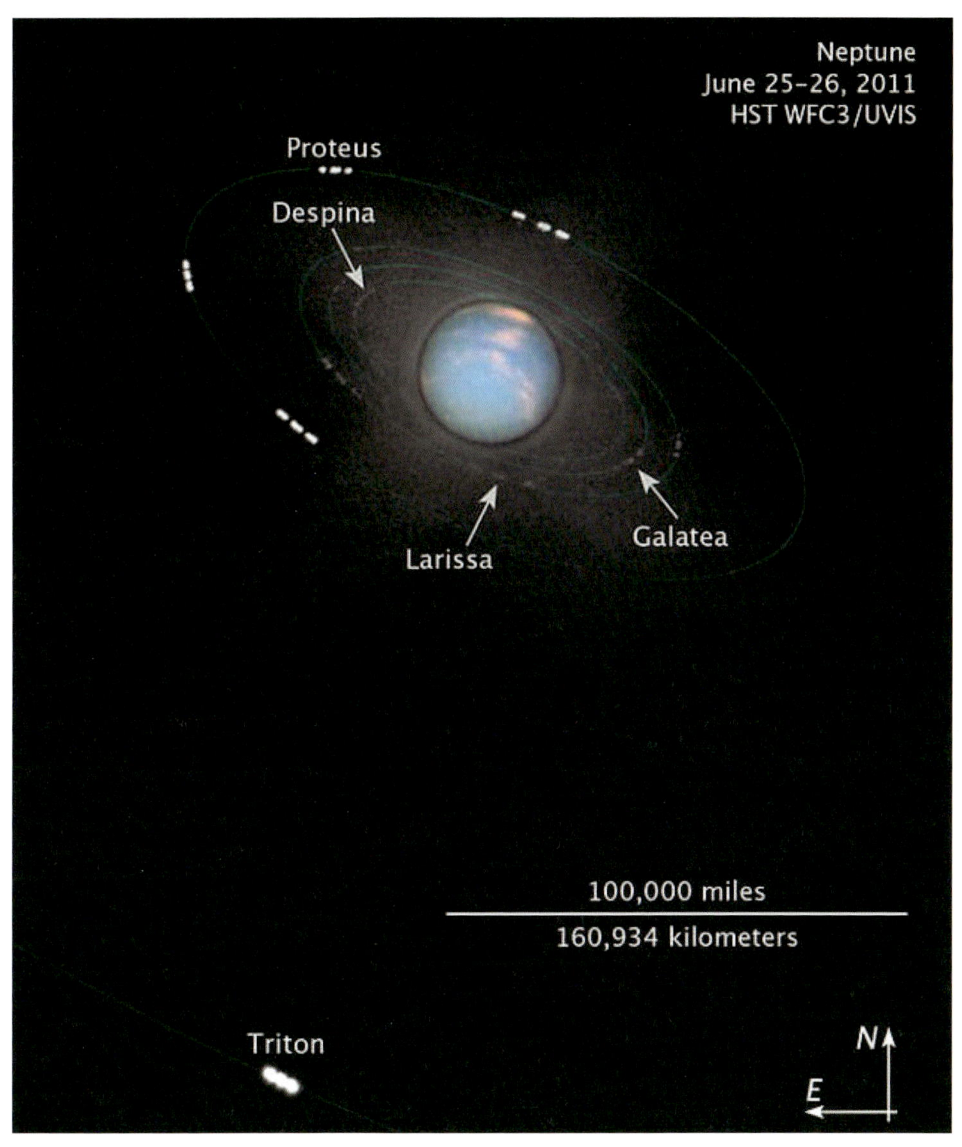

Neptun mit Monden. Triton bewegt sich entgegengesetzt zum Rotationssinn Neptuns bzw. dessen inneren Monden.

Ein idealer Ort dafür wäre der Saturnmond Titan. Auf Mars hat man mit Hilfe der weich an seiner Oberfläche gelandeten Sonden und Marsrover aktiv nach Leben gesucht. Allerdings ist man immer davon ausgegangen, dass Wasser als Lösungsmittel notwendig ist. Es könnten auch andere Flüssigkeiten die Rolle von Wasser als Lösungsmittel übernehmen: Schwefelsäure, Wasserstoffperoixd, Methan (Methanseen gibt es auf Titans Oberfläche) oder flüssiges Kohlendioxid.

Für derartige Lebewesen wäre dann natürlich die Erde extrem lebensfeindlich.

Silizium kommt in der Erdkruste sogar häufiger vor als Kohlenstoff.

Ein Problem ist noch die Geschwindigkeit der Reaktionen. Die Reaktionen von Silizium laufen langsamer ab, als die von Kohlenstoff. Bei einer einzelnen Reaktion spielt dies kaum eine Rolle, bei der Masse an Reaktionen wird der Ablauf des Lebens aber stark gebremst. Die Evolution von Leben auf Siliziumbasis käme nur langsam voran. Nehmen wir zwei erdähnliche Planeten an: bei Erde A entwickelt sich Leben, wie wir es kennen auf Kohlenstoffbasis und bei Erde B Leben auf Siliziumbasis. Dann wäre es auf der Siliziumerde erst den ersten Einzellern gelungen so etwas wie Photosynthese zu erfinden, wenn wir schon Computer benutzen und Raumfahrt betreiben.

Dennoch bleibt die Frage: Inwieweit ist es gerechtfertigt bei der Suche nach Leben im Universum irdische Maßstäbe anzulegen?

Wie viele Sterne gibt es?

Wir haben gesehen, dass sich die Sterne, einschließlich der Sonne, mit ihren Planeten zum System der Galaxis, Milchstraße, zusammenfinden. Unsere Milchstraße besteht aus einigen 100 Mrd. Sternen. Selbst wenn nur jeder 100.000te Stern einen Planeten besitzt, wo erdähnliche Bedingungen herrschen, würde es alleine in unserer Galaxis etwa eine Millionen erdähnliche Planeten geben. Im schlimmsten Falle sind wir alleine in unserer Galaxie. Aber da es einige Milliarden von Galaxien im Universum gibt, würde es dennoch von Leben im Universum wimmeln. Allerdings sind die Entfernungen zwischen den Sternen so groß, dass an eine Kommunikation mit diesen Welten oder gar an einen Besuch kaum zu denken ist.

Das Hubble Deep field. Jeder Punkt ist eine sehr weit entfernte Galaxie, die etwa 100 Milliarden Sterne enthält. Das Bild zeigt nur einen winzigen Himmelsausschnitt und wurde mit dem Hubble-Weltraumteleskop aufgenommen.

An Bord der Raumsonde Pioneer 10 gibt es eine Plakette aus Gold, eine Botschaft der Menschheit an außerirdische Zivilisationen. Ob diese jemals von einer derartigen Zivilisation gefunden wird?

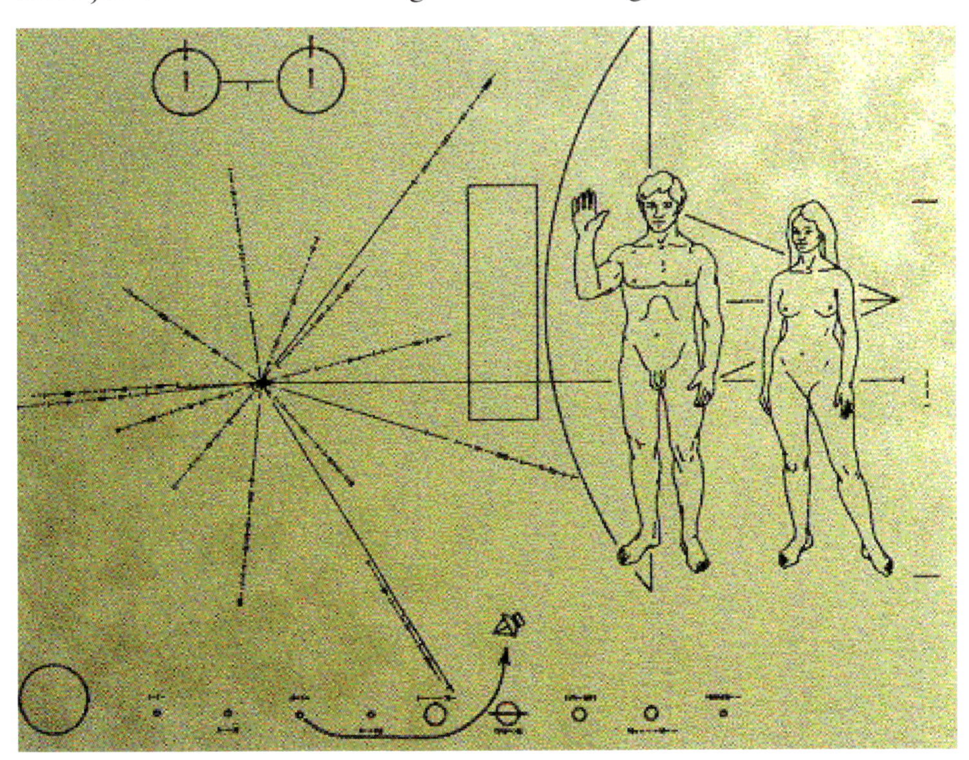

Plakette an Bord der Raumsonde Pioneer 10.

Wo endet das Universum?

Wir wissen heute, dass sich das Universum ausdehnt und mit ihm die vierdimensionale Raumzeit. Das Universum definiert also den Raum selbst, es dehnt sich nicht in irgendeinen anderen Raum hin aus. Diese Ausdehnung begann vor etwa 13,65 Milliarden Jahren mit dem Urknall. Da war das Universum extrem dicht und heiß. Durch die Ausdehnung kühlte es sich ab. Wir kennen das von einer Fahrradpumpe. Wenn wir pumpen verdichten wir das Gas, die Pumpe wird heiß. Wir können sogar eine Strahlung aus der Zeit beobachten, als das Universum durchsichtig wurde, die Hintergrundstrahlung. Das Universum hat sich in den 13,65 Milliarden Jahren seiner Geschichte auf etwa 2,7 K abgekühlt. Diese Strahlung können wir von allen Seiten des Himmels messen.

Autor und Herausgeber: Univ. Prof. Dr. Arnold Hanslmeier

Gesamtherstellung: Vehling Medienservice und Verlag GmbH
A-8020 Graz, Reininghausstraße 29

ISBN: 978-3-85333-285-6

Kometen sind schmutzige Schneebälle, die in Sonnennähe langsam verdampfen. Spektakuläre Kometenerscheinungen beobachtet man im Schnitt alle zehn Jahre, aber jährlich gibt es mindestens 20 Kometen zu sehen, allerdings nur mit Teleskopen. Beobachtungen der Sonne mit Sonnensatelliten zeigen Kometen, die sich in Sonnennähe auflösen oder gar auf sie einstürzen. Was macht Kometen so interessant?

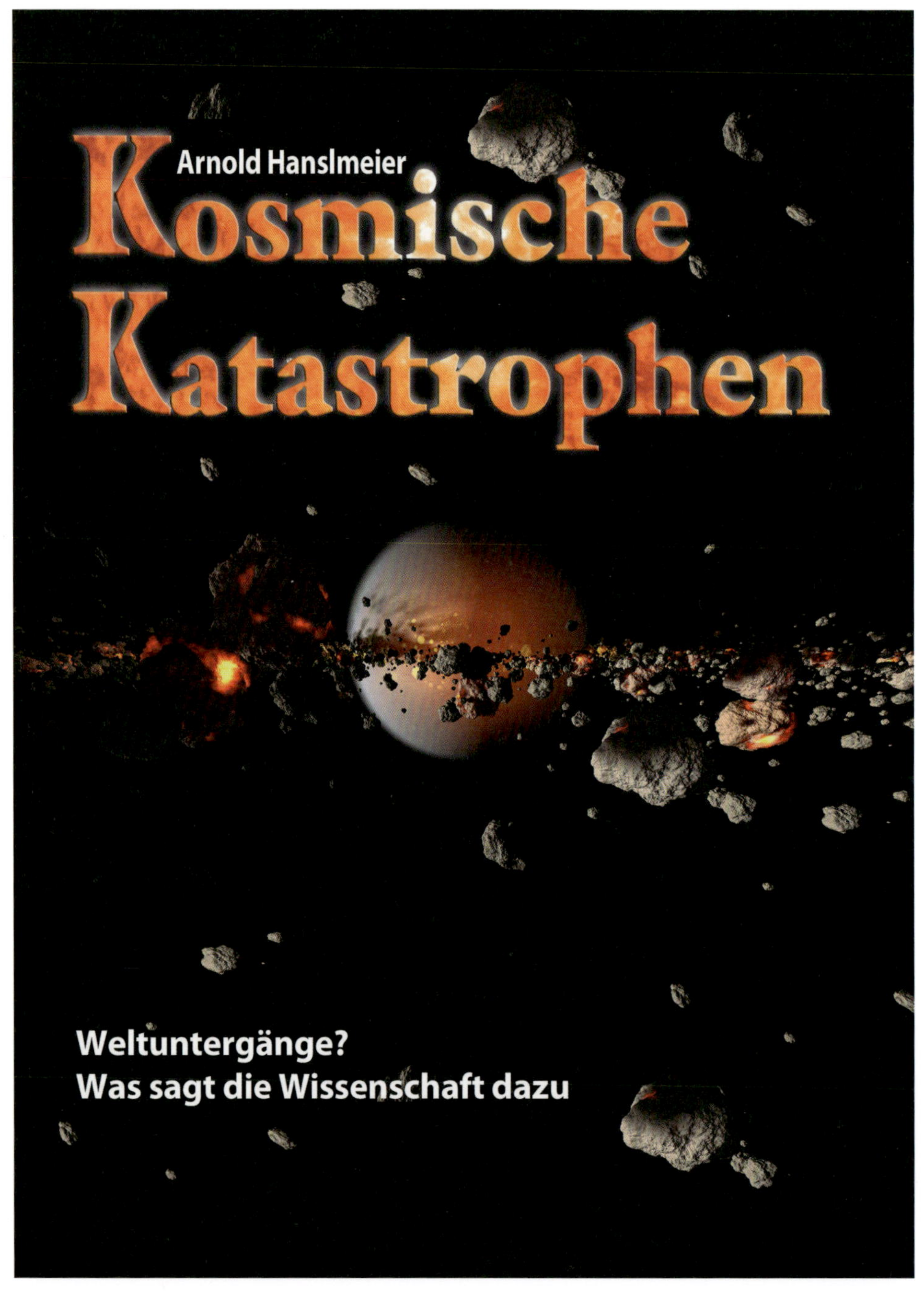

Weltuntergänge, kosmische Katastrophen, der Asteroid schlägt ein, Planetenkräfte zerreißen die Erde, das Erdmagnetfeld bricht zusammen, Sonnenstürme zerstören Stromversorgungsnetze…

All diese Gefahren gibt es, doch wie wahrscheinlich sind sie?

Droht uns in absehbarer Zeit eine kosmische Katastrophe?

Die Sonne ist der uns am nächsten gelegene Stern in nur 150 000 000 km Entfernung. Sie ist der einzige Stern, dessen Oberfläche wir im Detail studieren können: wir sehen riesige Sonnenflecken, größer als die Erde, Ausbrüche bei deren Strahlung Teilchen freigesetzt werden und die Sonnenaktivität ändert sich mit einer Periode von etwa 11 Jahren. Hat dies Auswirkungen auf die Erde?

In diesem Buch besuchen unsere beiden Nilpferdfreunde BV1 und BV2 den Professor WV, der eine Sternwarte hat. Die beiden Nilpferdchen BV1 und BV2 sind sehr neugierig und wollen alles wissen.

Geduldig erklärt ihnen der Professor alles.